Egon Pempelforth

Eisenbahn-Landschaft

Rheinstrecke

Motorbuch Verlag Stuttgart

Literatur- und Abbildungsnachweise

Abbildungen: Karten auf den Seiten 6, 33, 65 und 111 sowie sämtliche Fotos: Egon Pempelforth

Literatur (Auswahl)

Ambrosius/Tänzler:	Taschenatlas für Eisenbahnreisende, Leipzig
Baedekers Reiseführer:	Rhein, Stuttgart
Bäzold/Fiebig:	Elektrische Lokomotiven deutscher Eisenbahnen, Düsseldorf
Bechstein, Ludwig:	Aus dem Sagenschatz der Rheinlande, Stuttgart
Breuer, Judith:	Die ersten preußischen Eisenbahnbrücken, Stuttgart
Deutsche Bundesbahn:	Die Kaiserbrücke bei Mainz/Festschrift, Darmstadt
Dumjahn, Horst-Werner:	Handbuch der deutschen Eisenbahnstrecken, Mainz
Ernst, Friedhelm:	Rheingold, Düsseldorf
Gottwaldt/Büntgen:	Der Rheingold-Express, Stuttgart
Höhne, Ernst:	Traumfahrten durch Deutschland, Stuttgart
Klee, Wolfgang:	Preußische Eisenbahngeschichte, Stuttgart
Klee, Wolfgang:	Eisenbahn-Landschaft Hessen, Stuttgart
Knecht/Göbel:	Flüsse in Deutschland, Hamburg
Kobschätzky, Hans:	Streckenatlas der deutschen Eisenbahnen, Düsseldorf
Neliba, Dieter H.:	Eisenbahnbrücken im Raum Mainz/Wiesbaden, Ginsheim
Polyglott Reiseführer:	Der Rhein, München
Schiebel/Perillieux:	Köln I + II, Fürstenfeldbruck

Zeitschriften und sonstige Publikationen:

Eisenbahn-Magazin, Düsseldorf

Eisenbahn-Journal, Fürstenfeldbruck

Broschüren der Verkehrsämter, Landesverkehrsverbände, der Lufthansa sowie der Interessengemeinschaft Brohltal-Schmalspurbahn e.V.

Einbandgestaltung: Johann Walentek,
unter Verwendung eines Fotos von Egon Pempelforth
Layout: Wolfgang Klee

ISBN 3-613-01496-3

1. Auflage 1992

Satz: Alber Fotosatz GmbH, 7127 Pleidelsheim.
Druck: Rees GmbH, 7920 Heidenheim.
Bindung: E. Riethmüller, 7000 Stuttgart 1.
Printed in Germany

Inhaltsverzeichnis Seite

Die Triebzüge der Baureihe VT 11.5 wurden von der Deutschen Bundesbahn ab 1957 im TEE-Verkehr eingesetzt. Da diese hochwertigen Leistungen im Laufe der Jahre von lokbespannten Zügen übernommen wurden, bekamen die Dieseltriebzüge von 1968–1979 im Inter-City Dienst einen neuen Aufgabenbereich. Nach erfolgtem Umbau, der sich insbesondere auf die Gestaltung der Großraum- und Abteilwagen bezog, erlebten sie im Reisebüro-Sonderverkehr ihren „dritten Frühling“. Am Samstag, 19. März 1988, ist der Alpen-See-Express Dt 13110 in den Hauptbahnhof Köln eingefahren, dessen Haupthalle auch im Dunkeln aufgrund der typischen „kölschen“ Reklame leicht zu identifizieren ist.

Rechte Seite: Einen Tag, nachdem der ICE mit prominenten Fahrgästen an Bord am 26. November 1985 den offiziellen Geschwindigkeitsrekord der DB auf 317 km/h geschraubt hatte, kam der Intercity-Experimental auf seiner Pressefahrt auch nach Köln, wo High-Tech und das noch gelbe Glas der alten, noch nicht restaurierten Haupthalle einen interessanten Kontrast bilden.

Die Rheinstrecken zwischen Köln und Mainz

Der Rhein, die wohl bedeutendste Wasserstraße Europas, ist 1320 km lang. Von der Quelle bis zur Mündung durchfließt bzw. berührt er die Schweiz, Österreich, Deutschland, Frankreich und die Niederlande.

Nahezu auf seinem gesamten Weg wird der Rhein von Eisenbahn-Strecken begleitet, die zum Teil in unmittelbarer Nähe, aber auch in einiger Entfernung, parallel verlaufen. Insbesondere zwischen Köln und Mainz folgen links und rechts im Rheintal gebaute Bahnstrecken fast jeder Flußbiegung. Eisenbahn und Flußlandschaft sind hier im Laufe der Zeit zu einer Symbiose geworden. Die Eisenbahn gehört ebenso zum Rheintal wie Burgen, Wein, die Rheinländer oder die weißen „Dampfer" der Köln-Düsseldorfer und ist somit ein Teil dieser Rhein-Romantik geworden.

Unter diesem Aspekt ist auch dieses Buch aufgebaut bzw. zusammengestellt. Im Vordergrund soll nicht immer nur die Eisenbahn stehen, vielmehr wird auch ihre Einbindung in die Landschaft mit ihren Rhein-spezifischen Eigenarten und Sehenswürdigkeiten gezeigt und beschrieben.

Wie bei vielen Eisenbahnstrecken Deutschlands ist die ursprüngliche Linienführung der linken und rechten Rheinstrecke bis heute weitgehend unverändert geblieben. Die Straßen im Rheintal sind breiter und auffälliger und die Autos ein wenig bunter geworden. Aber wenn man zwischen Köln und Mainz die Rheinlandschaft durchfährt, ob per Fahrrad, Auto, Bahn oder Schiff, oder vielleicht durchwandert, wird man entdecken, daß die Gegend und auch die Menschen sehr viel von ihrer Ursprünglichkeit bewahrt haben. Wie sagt der Rheinländer, der am Flußufer sitzt und die Fische im seichten Wasser beobachtet: „Nee,... de janze Dach onger Wasser, dat könt isch nit".

Eisenbahnlandschaft Rhein von Köln – Mainz
Köln – Mehlem

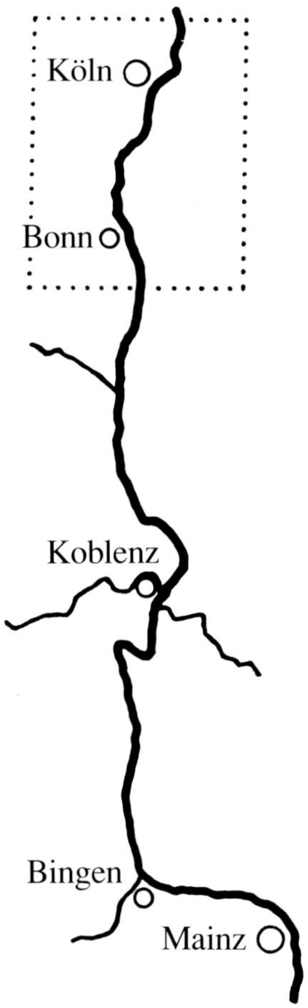

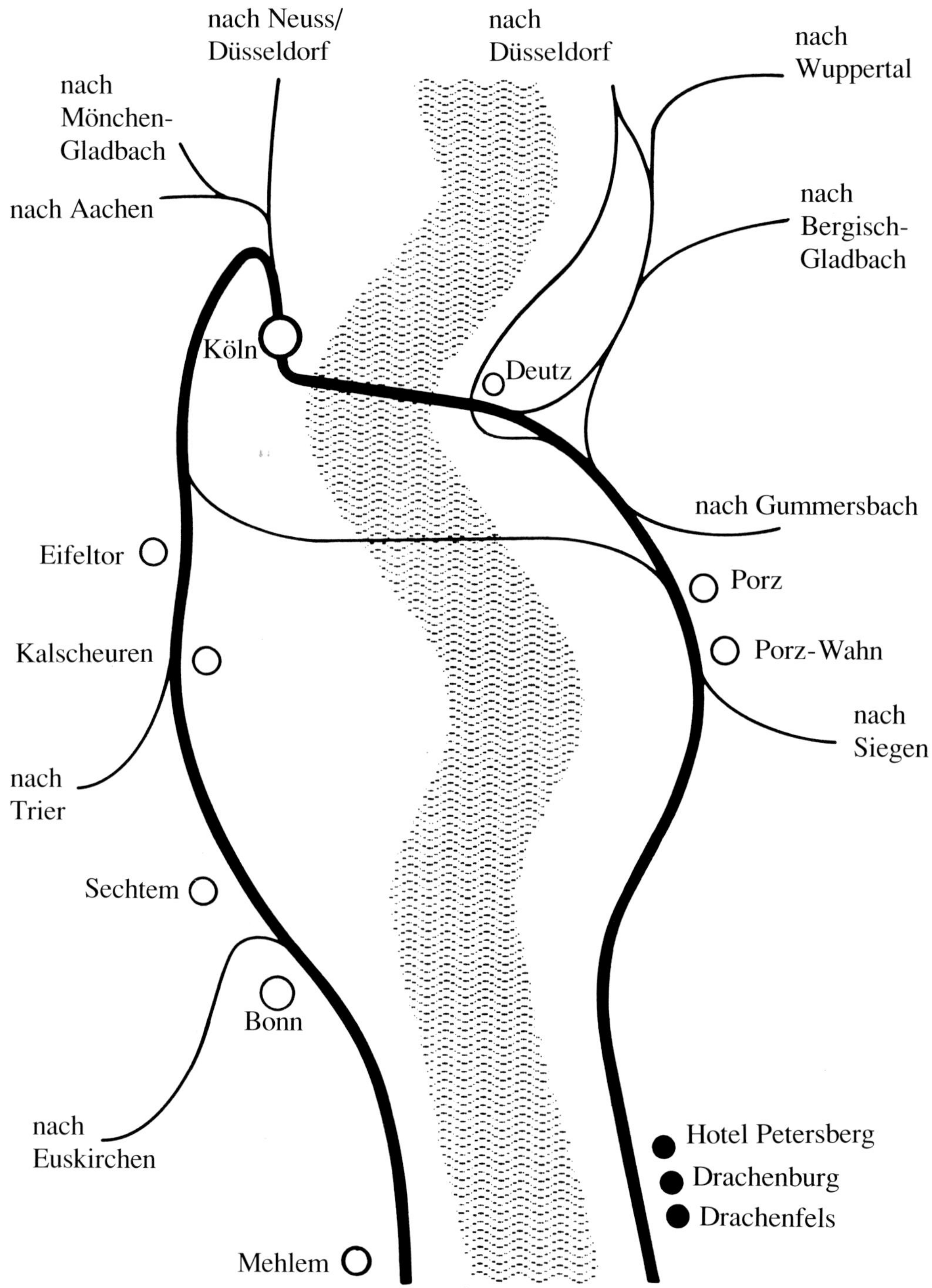

Immerhin neun Jahre nachdem die erste deutsche Eisenbahn von Nürnberg nach Fürth fuhr, bewegte sich am 15. Februar 1844 linksrheinisch der erste Zug der Bonn-Kölner-Eisenbahn-Gesellschaft von Bonn über Brühl nach Köln. Seitdem hat sich viel geändert. Mit über 1000 Zugbewegungen täglich hat der Hauptbahnhof Köln seine Kapazitätsgrenze erreicht. Aus allen Himmelsrichtungen laufen die Bahnlinien auf diesen europäischen Eisenbahnknoten zu.

Über die westliche Einfahrt führen heute die Strecken aus Düsseldorf (über Neuss), Mönchengladbach, Aachen, Trier und Koblenz (linke Rheinstrecke) zum Hauptbahnhof. Zusätzlich fallen hier noch zahlreiche Zugfahrten von und zum Betriebsbahnhof Köln an. Dies verlangt auf kürzester Distanz ein aufwendiges Gleisvorfeld, um entsprechend variable Fahrstraßen stellen zu können.

Während am 14. März 1991 die 103 142 ihren nach Hannover fahrenden IC 518 gleich in die Halle zieht, wird die aus dem Betriebsbahnhof kommende 114 501 mit ihrem Eilzug 3407 um 10.10 Uhr den Hauptbahnhof Richtung Koblenz verlassen. Dritte im Bunde ist die unterhalb des markanten Hochhauses am Hansaring fahrende Trierer 215 133.

In einem engen Bogen, der im Bereich der Vorhalle beginnt und durch den sich gerade der IC 721 zwängt, führen die Gleise des Ostkopfes des Kölner Hauptbahnhofs über die Hohenzollernbrücke zum Bahnhof Köln-Deutz. Von dort geht es weiter nach Düsseldorf, Wuppertal, Bergisch Gladbach (S-Bahn), Siegen (S-Bahn-Vorlaufbetrieb), Gummersbach (City-Bahn), zum Abstellbahnhof Deutzerfeld sowie rechtsrheinisch nach Koblenz. Aufgrund der zwischen Hauptbahnhof und Rheinbrücke beengten Platzverhältnisse und dem damit verbundenen kurzen Gleisvorfeld übernimmt der rechtsrheinische Bahnhof Köln-Deutz wichtige Trennungs- und Zuordnungsfunktionen für den Kölner Hauptbahnhof. Gut erkennbar ist der neue, zwei Gleise aufnehmende linke Brückenzug, der ebenfalls als Fachwerkbrücke der vorhandenen, historischen Konstruktion optisch angepaßt wurde.

Mit 103 101 führt die erste Maschine der Serienausführung dieser Baureihe den IC 721 „Wallhalla". Als Zuglok für den zwischen Frankfurt und Stuttgart unter anderem über die Neubaustrecke fahrenden Lufthansa-Express trägt diese Lok inzwischen das gelb/weiße Lufthansa-Design.

9

In der Zeit von 1907 - 1911 wurde anstelle der dem zunehmenden Verkehr nicht mehr gewachsenen Dombrücke die Hohenzollernbrücke errichtet. Die bronzenen Reiterstandbilder der Dombrücke – König Friedrich Wilhelm IV., Kaiser Wilhelm I. – wurden links und rechts der neuen Deutzer Brückenrampe plaziert. Diesseits auf der Domseite wurden die neu geschaffenen Reiterstandbilder der Hohenzollern-Kaiser Friedrich III. und Wilhelm II. aufgestellt. Auch nach der Erweiterung der Hohenzollernbrücke um zwei S-Bahn-Gleise blieben die Standbilder erhalten.

Seit Juni 1991 kommen auf den Rhein/Ruhr-S-Bahnen wieder Triebwagen der Baureihe ET 420 zum Einsatz. Über die S 11 gelangen diese leihweise in Düsseldorf stationierten Triebfahrzeuge auch nach Köln, wo sie u. a. auch die Hohenzollernbrücke befahren.

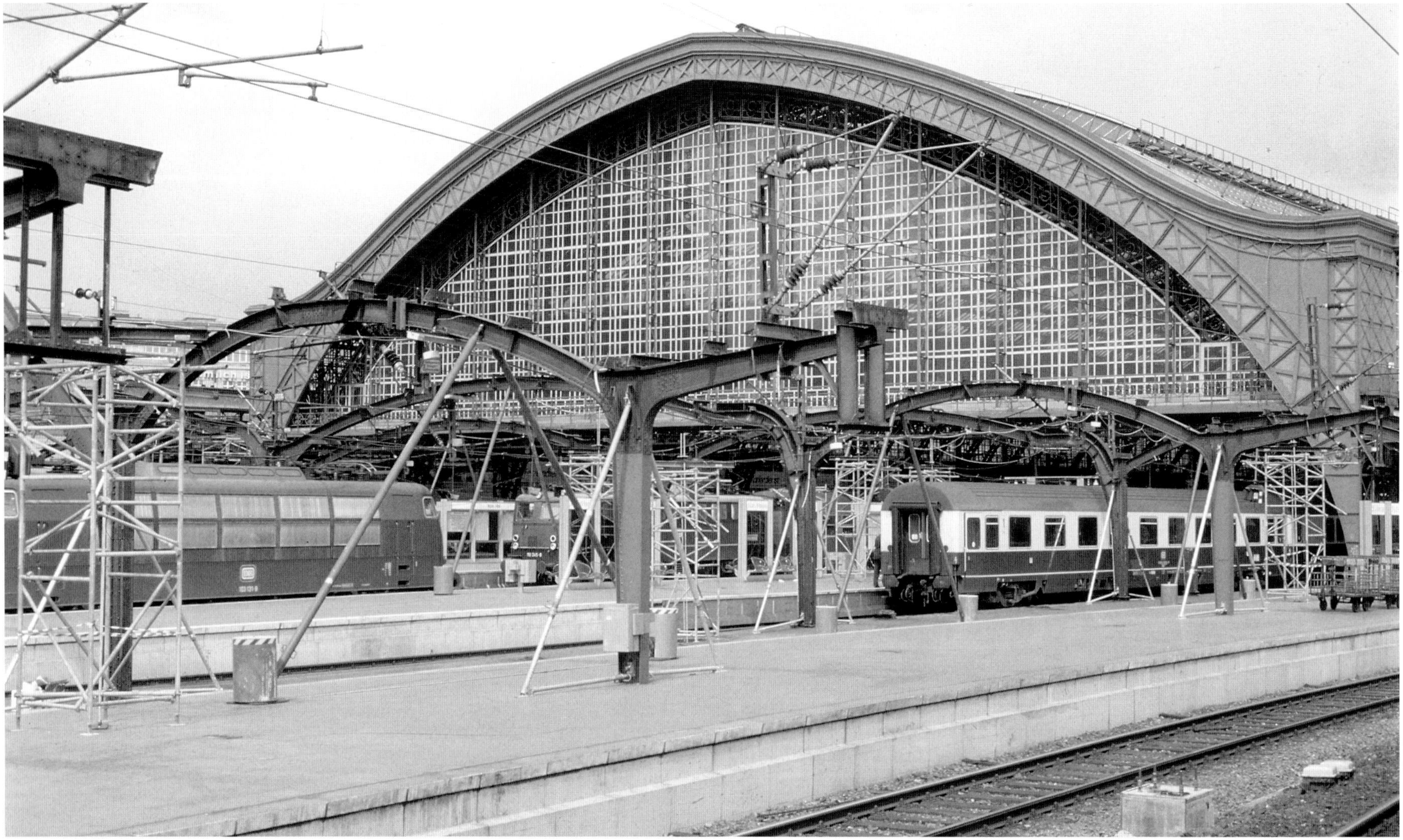

Mitte 1990 wurde im Rahmen der Sanierungsarbeiten die alte Vorhalle auf der Ostseite des Hauptbahnhofs abgerissen. Dadurch war für kurze Zeit der Blick auf die von 1983 bis 1987 restaurierte Haupthalle frei. Mit 64 m Spannweite und 24 m Höhe steht diese imponierende Konstruktion inzwischen unter Denkmalschutz. Im Rahmen des Neubaus des Kölner Hauptbahnhofs wurde die 255 m lange Stahlkonstruktion 1894 fertiggestellt.

Bevor er den Ausblick vom Südturm des Kölner Doms genießen kann, hat der Besucher zunächst einmal die über 500 Stufen zu bewältigen. Von hier oben läßt sich der Eisenbahnbetrieb zwischen Köln-Deutz und dem Hauptbahnhof Köln gut beobachten. Beide Bahnhöfe werden durch die Hohenzollern-Brücke, deren Verbreiterung um zwei weitere Gleise (S-Bahn-Verkehr) 1991 endlich abgeschlossen werden konnte, verbunden. Im Jahre 1859 wurde hier der erste feste Rheinübergang der Neuzeit vollendet. Die axial auf das Mittelschiff des Kölner Doms ausgerichtete „Dombrücke“ wurde seinerzeit je zur Hälfte vom Straßen- und Eisenbahnverkehr genutzt.

Bemerkenswert ist die Vielzahl verschiedener Fahrzeuge, u. a. auch aus Belgien und Frankreich, die im Hauptbahnhof Köln anzutreffen sind. Am Nachmittag des 17. Juni 1990 konnten neben dem verspäteten E 3828 mit 110 320 der D 321 aus Ostende sowie der TUI-Ferienexpress abgelichtet werden, der gleich über Köln-Deutz und die rechte Rheinstrecke in den Süden fahren wird.

Die fehlende Vorhalle ermöglichte für einige Zeit ungewöhnliche Perspektiven. Am 9. Juni 1990 passierte der Lufthansa Airport Express auf seinem Weg von Frankfurt/Flughafen nach Düsseldorf/Flughafen den in unmittelbarer Nähe des Bahnhofs stehenden Kölner Dom, das Wahrzeichen der Stadt Köln. Das kleine Foto zeigt Verzierungen, die sonst im Dunkel der Vorhalle verborgen bleiben.

Durch die Jahrhunderte zog sich das 1248 begonnene Dom-Bauprojekt. Erst in den Jahren 1842–1880 wurde der Dom in seiner heutigen Form, nicht zuletzt durch die Errichtung der beiden 157 m hohen Türme, vollendet.

Am 14. März 1991 ist die neue Vorhalle des Hauptbahnhofes weitgehendst fertiggestellt, als 114 501 mit dem Eilzug 3407 (Köln – Koblenz) sowie 103 200 mit dem IC 637 „Kommodore“ (Köln – Hamburg) parallel ausfahren.

15

Seit September 1990 sind bei der Deutschen Bundesbahn Lokomotiven der DR-Baureihe 243 im Einsatz. Um sie in das Computer-System der DB integrieren zu können, wurden sie in 143 umnumeriert. 1991 gelangten diese 120 km/h schnellen Maschinen auch zum Bw Dortmund. Von dort werden sie hauptsächlich im Leistungsprogramm der Baureihe 140 eingesetzt, wobei sie auch nach Köln kommen. Im Frühjahr 1992 durchfährt 143 612 mit ihrem Postzug den Hauptbahnhof mit seiner architektonisch reizvollen neuen Vorhalle.

Rund 10000 Glasscheiben in 4000 Formaten wurden für das neue Dach angefertigt. Nur modernste Computertechnik ermöglichte die Berechnung der vielen diversen Scheibengrößen und somit eine harmonisch dem historischen Umfeld angepaßte Konstruktion.

Im Sommer 1989 wurde das Zugpaar D 1249/D 1248 Köln-Moskau kurzfristig eingelegt. Dieser ausschließlich aus russischem Wagenmaterial gebildete Schlafwagenzug zog durch sein geschlossenes grünes Zugbild die Aufmerksamkeit der übrigen Reisenden auf sich.

17

Insbesondere am Wochenende zeigt sich die Bahn dem oft hohen Fahrgastaufkommen kaum gewachsen. So herrscht auch am Nachmittag des 17. Juni 1990 starkes Gedränge, als der IC 623 „Glück auf“, gezogen von der neuroten 103 157, an den Bahnsteig rollt. Da nur 11 Gleise für die über eintausend täglichen Zugbewegungen zur Verfügung stehen, sind die Bahnhofsgleise signaltechnisch so abgesichert (Zugdeckungssignale), daß zur gleichen Zeit bis zu drei Züge ein Bahnsteiggleis benutzen können.

Am 11.11. eines jeden Jahres beginnt die närrische Zeit in den rheinischen Karnevalshochburgen, die mit dem Rosenmontag ihren Höhepunkt findet. Der Sonntag davor gehört dem unorganisierten Straßenkarneval. In einigen Stadtteilen gibt es „Veedelszög“ (Stadtviertel-Karnevalszüge), und durch die Innenstadt von Köln ziehen zahlreiche „Jecke“, die auch, wie diese radfahrende Clown-Gruppe, oft aus dem Umland anreisen. Bevor man sich in das närrische Treiben stürzt, wird auf der Deutzer Brückenrampe noch einmal Rast gemacht. Über die Hohenzollernbrücke fährt der Leerwagenpark des aus französischen Wagen gebildeten EC 45 „Parsifal“ zum Abstellbahnhof. Ob die Reisenden aus Paris, die im Kölner Hauptbahnhof ausgestiegen sind, wohl gewußt haben, was sie im närrischen Köln erwartet?

Rechte Seite: In früheren Zeiten fuhren von Köln aus die alten Dampflokomotiven der Baureihe 39 (Preußische P 10) in die Eifel. Aber auch die erheblich modernere, mit Öl gefeuerte Lokomotive der Baureihe 41 vermittelt noch die Romantik der guten alten Eisenbahn. Vor der Silhouette des Kölner Doms durchfährt die 41 241 am Morgen des 31. August 1991 das westliche Bahnhofsvorfeld des Kölner Hauptbahnhofs, um über die Eifelbahn ihren Sonderzug nach Trier zu befördern.

41 241

Mit seiner Höchstgeschwindigkeit von 280 km/h ist der ICE mit jeweils zwei Triebköpfen vom Typ 401 seit Beginn der 90er Jahre der Paradezug der Deutschen Bundesbahn. Im April 1992 wurde dann eine ICE-Einheit, die noch nicht auf der Linie 4 Hamburg – Nürnberg – München benötigt wurde, als Vorzug zu IC/EC-Zügen auch auf der Rheinstrecke eingesetzt. Alle Züge verkehrten zusätzlich zum veröffentlichten Fahrplanangebot und konnten zu den normalen IC-Fahrpreisen benutzt werden. Durch diese „Schnupperfahrten" sollten bis zum 30. Mai 1992 (Fahrplanwechsel) die Vorteile der modernen Bahn auch Reisenden in Gebieten demonstriert werden, die noch längere Zeit ICE-frei bleiben werden. Leider wurden diese Fahrten durch den Streik im öffentlichen Dienst vorzeitig eingestellt. Anschließend wurden diese „Schnupperfahrten" aufgrund technischer bzw. wartungsbedingter Engpässe nicht mehr aufgenommen. Am 27. April 1992 wird der ICE 15027 (Hamburg-Altona – Frankfurt/Main) gleich im Hauptbahnhof Köln das Publikumsinteresse auf sich ziehen.

21

Über Köln-Deutz geht es nicht nur auf die rechtsrheinische Strecke, sondern auch mit der City-Bahn nach Gummersbach. Vor der im Hintergrund erkennbaren hochgeführten S-Bahn-Strecke verläßt 218 140 den Bahnhof Köln-Deutz in Richtung Gummersbach. Im Zug befindet sich bereits ein Wagen im neuen Nah-und Regionalverkehr-Türkis, der künftigen Farbe auch der City-Bahn. In der Zwischenzeit ist die Farbumstellung vollzogen. Gleichzeitig laufen die City-Bahn-Züge in diesem Bereich heute über die S-Bahn-Gleise. Im Hintergrund ist der Gegenzug erkennbar.

Im Laufe der Umbaumaßnahmen der Kölner Bahnanlagen zu Beginn dieses Jahrhunderts wurde auch der Bahnhof der ehemaligen Bergisch-Märkischen Bahn in Deutz abgerissen. Stattdessen führte man die Strecke unter dem damals neuen Bahnhof Köln-Deutz hindurch, um sie dann wieder rechtsrheinisch einmünden zu lassen. Heute wird von dem mit zwei Bahnsteigen ausgestatteten unteren Bereich (Köln-Deutz/Tief) dieses Turmbahnhofs ein Teil des Sonderverkehrs abgewickelt. Messezüge, Sonderzüge für Eisenbahnfreunde und insbesondere die Autoreisezüge werden hier abgefertigt.

Über den Gleisen von Köln-Deutz/Tief rollen die Züge von und zum Hauptbahnhof. Von dort kommt am 8. April 1992 der Eilzug 3520 mit 110 118, der auf seiner Fahrt nach Wuppertal-Oberbarmen im Deutzer Bahnhof halt macht. Das mächtige Empfangsgebäude mit seiner charakteristischen Kuppel beherbergt u. a. auch die Modelleisenbahnfreunde Köln.

Am 1. Juni 1991 begann auf der Siegstrecke der S-Bahn-Vorlaufbetrieb. Zu diesem Zweck wurden aus den orangefarbenen ehemaligen City-Bahn-Wagen sowie den Düsseldorfer Elektrolokomotiven der Baureihe 111 Garnituren gebildet, die zumindest optisch den Eindruck eines S-Bahn-Betriebes vermitteln sollen.

Bis Troisdorf folgt die S 12 der rechten Rheinstrecke (KBS 465). Dieser Bereich wird durch die zahlreichen Formsignale geprägt. Am 29. Juli 1991 setzt sich im Bahnhof Porz gerade ein S-Bahn-Zug – mit blauer Ganzreklame – in Bewegung, um den Kurztakt nach Hennef zu bedienen.

Linksrheinisch führt die Strecke von Köln aus zunächst nach Nordwesten, um dann in einem großen Bogen nach Süden zu schwenken. Auch die Züge in die Eifel nehmen zunächst diesen Weg, der sie u. a. auch am Container-Bahnhof Köln-Eifeltor, einem der verkehrsreichsten Container-Umschlagplätze der Deutschen Bundesbahn, vorbeiführt. Am Frühjahrsmorgen des 26. Mai 1990 kommt hier die altrote Diesellokomotive 215 048 mit ihrem Eilzug 7616 aus der Eifel.

Im Oktober 1989 feierte die Deutsche Bundesbahn in Bonn ihren 40. Geburtstag mit diversen Sonderveranstaltungen. Unter anderem fuhr V 200 033 der Hammer Eisenbahnfreunde mit den blauen F-Zug-Wagen der Passauer Eisenbahnfreunde den Rhein entlang. Am Samstag, den 21. Oktober 1989 durchfährt der Sonderzug vor einem heraufziehenden Gewitter den Bahnhof Porz-Wahn (rechte Seite).

25

Die Glanzzeiten der 114 500 sind im August 1990 bereits vorbei, als sie mit ihrem „Bummelzug“ 5535 vorbei an einem der ältesten Güterschuppen des Rheinlandes in den Bahnhof Sechtem einfährt.

Ursprünglich wurde diese Baureihe zur Bespannung hochwertiger TEE-Züge beschafft. Nachdem aufgrund von Verschleißerscheinungen die Höchstgeschwindigkeit der zuletzt gelieferten 112 485 – 112 504 von 160 km/h auf 140 km/h herabgesetzt werden mußte, erfolgte dann ab 1988 die Einordnung als Baureihe 114.

In Kalscheuren endet die gemeinsame Streckenführung von Eifelbahn (Kursbuchstrecke/KBS 474) und linker Rheinstrecke (KBS 470). Am 10. März 1989 ist die Dampflokomotive 41 360 mit ihrem Sonderzug auf dem Weg zur 2000-Jahr-Feier der Stadt Bonn hier im Bild festgehalten worden.

Gleich drei IC/EC stehen am Abend des 6. Februar 1988 zur Weiterfahrt bereit. Hinter der imposanten Bahnhofshalle und vor dem Kölner Dom ist die ebenfalls angestrahlte Kirche St. Mariä Himmelfahrt (17. Jahrhundert) erkennbar.

Seit 1949 war das 2000 Jahre alte Bonn Hauptstadt der Bundesrepublik Deutschland. In weiten Bereichen konnte die Stadt ihren mittelstädtischen Charakter bewahren. Vorbei an den schönen, gut erhaltenen Bürgerhäusern, fährt 110 264 mit ihrem Eilzug nach wenigen Metern in den Bonner Hauptbahnhof ein.

Links ein Blick auf das sehenswerte und inzwischen 110 Jahre alte Bonner Empfangsgebäude.

Im März 1989 reihte sich die DB mit ihrem Bahnhofsfest in die Schar der Gratulanten zum 2000. Geburtstag der Stadt Bonn ein. Innerhalb des Rahmenprogramms besucht dabei zur Freude der zahlreichen Eisenbahn-Fans auch der ICE (Inter-City-Experimental) den Bonner Hauptbahnhof.

Nächste Seite: In Mehlem rücken Rhein und Bahn schon enger zusammen. Vor der frühlingshaften Kulisse des Siebengebirges fährt IC 817 Richtung Remagen. Im Hintergrund (von links nach rechts) Hotel Petersberg (Gästehaus der Bundesregierung), Schloß Drachenburg (nachempfundene Konstruktion aus dem 19. Jahrhundert) und Burgruine Drachenfels (12. Jahrhundert). Hier soll der Drache aus der Siegfried-Sage gehaust haben. Unterhalb des Drachenfelses hat man Steine für den Bau des Kölner Doms gebrochen. Die Steinbrüche gefährdeten sogar die Existenz dieser heutigen Touristenattraktion. Nur durch Enteignung der übereifrigen Unternehmer im Jahre 1881 konnte die Zerstörung des Drachenfelsens verhindert werden.

Eisenbahnlandschaft Rhein von Köln – Mainz vom Rolandsbogen – Oberlahnstein

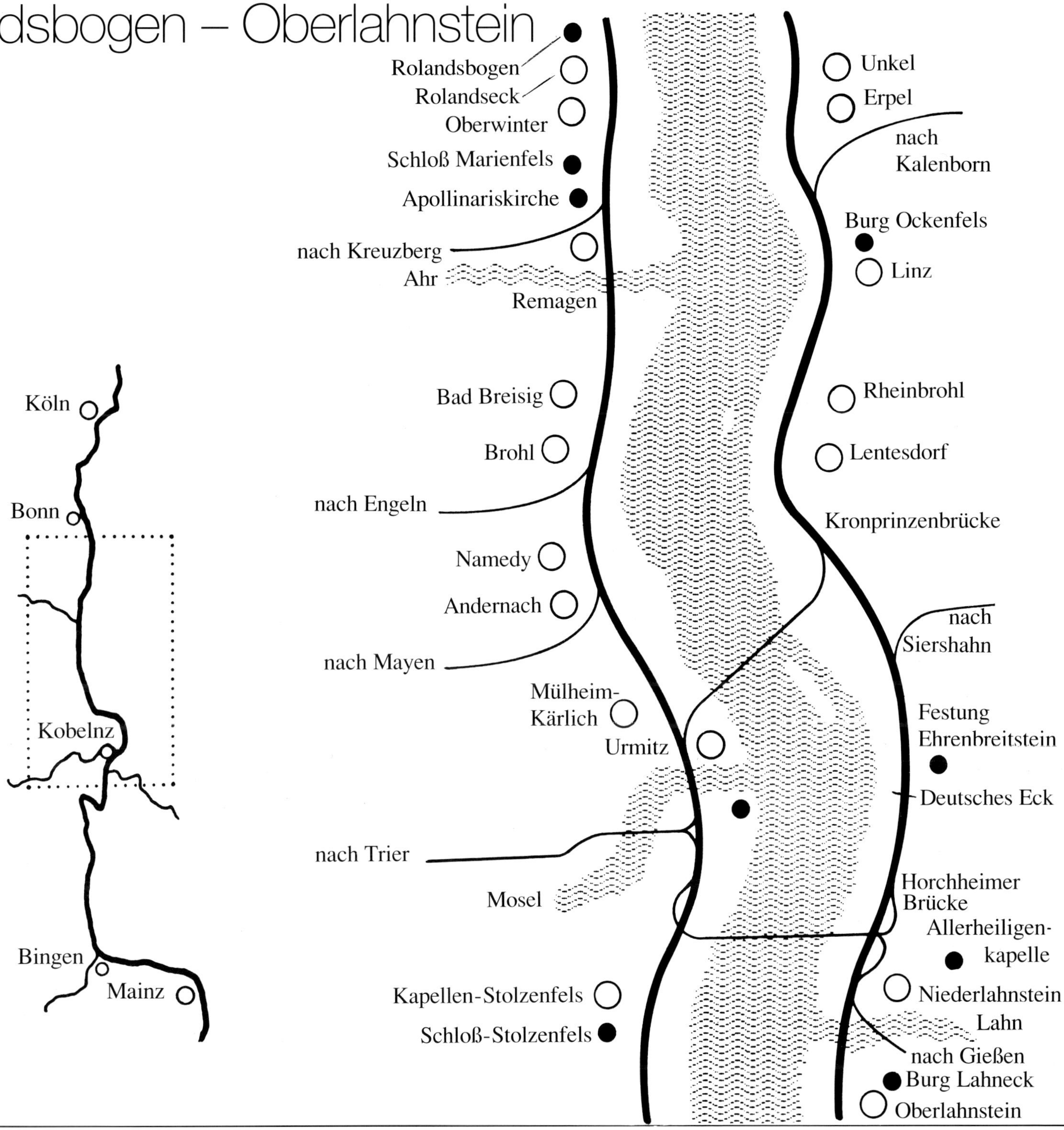

Über dem Ort Rolandseck, der heute zu Remagen gehört, steht der Rolandsbogen. Unterhalb des aus den Resten der ursprünglichen Rolandsburg entstandenen Rolandsbogens (heute total begrünt), bei dem ein Restaurant zum Aufenthalt und Rheinausblick einlädt, fährt im Sommer 1990 der IC 613 „Kurpfalz“ seinem Ziel München entgegen. Im Hintergrund ist bei klarem Wetter die Burgruine Drachenfels erkennbar.

Manch aufmerksamer Reisender wird sich über das recht große Empfangsgebäude des Bahnhofs Rolandseck wundern. Dieser Bahnhof war eine Zeit lang Endpunkt der linken Rheinstrecke Köln - Bonn - Rolandseck. Schon damals war dieses Gebäude ein Ort der kulturellen Begegnung. Heute finden in dem von der Bundesbahn nicht mehr genutzten „Künstlerbahnhof" Ausstellungen, Lesungen und sonstige kulturelle Veranstaltungen statt.

Für derartige Dinge hat der Lokführer der 114 496 vermutlich kein Interesse, als er am 11. August 1990 auf den Abfahrbefehl zur Weiterfahrt nach Koblenz Hauptbahnhof wartet.

Der Frühling hat Anfang April im Rheintal schon Einzug gehalten, als der IC 819 „Bettina von Arnim“ geführt von 103 225 auf seinem Weg von Hamburg nach München den langgestreckten Ort Oberwinter erreicht.

Damit auch jeder schon von weitem erkennen kann, um welch malerisches Rhein-Dorf es sich hier handelt, hat man auf einer Anhöhe den Ortsnamen in großen, nachts beleuchteten Buchstaben angebracht. Wenn überhaupt, dürften jedoch nur die mit dem Rücken in Fahrtrichtung sitzenden Reisenden des FD 1903 „Bodensee“ die Information erhalten haben, daß soeben Oberwinter durchfahren wird.

Insbesondere die vielen alten Fachwerkhäuser prägen Oberwinter. Von der um den alten Ortskern in großem Bogen herumgeführten Bahnstrecke bietet sich dem Publikum des IC 817 „Gorch Fock“ (Kiel-München) ein recht beschauliches Kleinstadt-Panorama.

39

Ein sehr beliebtes Ausflugsziel, insbesondere für Kegelklubs und sonstige Vereine, ist Unkel. Der Ort liegt in einem Rheinbogen. Da die Bahn diesem Bogen nicht folgt, sondern ihn abschneidet und längs der Weinberge verläuft, bleiben die Touristen weitgehendst von den vielen, auf der rechten Rheinstrecke recht geräuschvoll fahrenden Güterzügen verschont. Da sind die Fahrgeräusche des Elektrotriebwagens der Baureihe ET 30 schon dezenter. Dieses zum Museumsbestand der Deutschen Bundesbahn gehörende Fahrzeug wird von Reisebüros und Veranstaltern von feuchtfröhlichen Touren gerne gechartert. Ursprünglich im Plandienst dreiteilig eingesetzt, ist der heute vierteilige Triebwagen am Sonntag, den 25. Oktober 1987 bei Unkel unterwegs, um die Wochenendreisenden nach einer hoffentlich gelungenen Weinprobe einzusammeln.

Am 25. Oktober 1987 ist das Rheintal in Unkel bereits herbstlich eingefärbt, als die für den leichten Personen-und Güterzugdienst beschaffte Elektrolokomotive 141 225 mit ihrem Nahverkehrszug den Ort durchfährt.

Bis 1945 bestand zwischen rechter und linker Rheinstrecke bei Remagen eine Brückenverbindung, die durch die Ereignisse des Zweiten Weltkrieges und den danach gedrehten Kinofilm „Die Brücke von Remagen“ eine traurige Berühmtheit erlangt hat. Von der nach Überquerung durch amerikanische Truppen eingestürzten Eisenbahnbrücke stehen sowohl in Remagen als auch in Erpel (rechtsrheinisch) die Brückentürme, hinter welchen am 2. Oktober 1988 die noch blaue 110 126 mit ihrem Eilzug in Richtung Köln fährt.

Während der Nacht hat der Schlaf-und Liegewagenzug D 200 auf seinem Weg von Mailand nach Amsterdam die Alpen überquert. Am frühen Morgen des 30. Mai 1991 fährt der aus italienischen und deutschen Wagen gebildete „Italien-Holland-Express" bei Remagen am Schloß Marienfels vorbei. Diese erst vor kurzem restaurierte Anlage gehört einem Privatmann aus dem Rheinland, der Burgen und Schlösser sammelt wie andere Leute Briefmarken. Auf den Geschmack kam der „Sammler", nachdem er 1970 seine erste Burg gekauft, restauriert und seiner Tochter geschenkt hatte. Jedes seiner 13 Kinder sollte nun eine Burg oder ein Schloß haben. Dieses Ziel wurde zwischenzeitlich erreicht und überschritten, da einige der „Nachwuchssammler" bereits eine zweite Burg ihr eigen nennen.

Nördlich von Remagen werden Straße und Bahn durch die Ausläufer des Ahrgebirges eng an den Rhein gedrängt. Vor der Fluß-Silhouette von Remagen kommen sich die konkurrierenden Transportsysteme Motorschiff und einer der wenigen auf der linken Rheinstrecke fahrenden Güterzüge daher hier sehr nahe.

Zusätzlich zum Fahrplanangebot wurden im Frühjahr 1992 ICE-Garnituren in Relationen eingesetzt, die sonst von diesen komfortablen Hochgeschwindigkeitszügen nicht erfaßt werden. Am 11. April 1992 durchfährt einer dieser „Schnupperzüge“ als ICE 15027 mit den Triebköpfen 401 001 und 401 501 die Stadt Remagen unterhalb der Apollinaris-Kirche. Die als Wahrzeichen des Ortes geltende viertürmige Kirche wurde vom Kölner Dombaumeister Zwirner in den Jahren 1839 – 1843 im neugotischen Stil errichtet. Dabei sollen auch ursprünglich für den Kölner Dom vorgesehene Steine verbaut worden sein.

45

Mitte 1990 leitete man mit Rodungen nördlich des Bahnhofs Remagen größere Baumaßnahmen ein. Dadurch wurde der Blick auf die katholische Pfarrkirche der Stadt Remagen, St. Peter und Paul, frei.

Recht selten sieht man Schnellzug-Lokomotiven der Baureihe 110 vor Intercity- bzw. Eurocity-Zügen. Wenn, wie in diesem Falle, eines der wenigen verbliebenen blauen „Bügelfalten-Exemplare", hier 110 304 (Bw Köln 1), den EC 24 „Erasmus" führt, ist die Freude für den Eisenbahn-Fotografen besonders groß.

Im Mai 1990 wurde zwischen Frankfurt/Main-Flughafen und Stuttgart Hauptbahnhof ein zweiter Airport-Express eingerichtet. Da hierfür keine Triebwagen der Baureihe 403 zur Verfügung standen, setzte man auf der neuen Linie die Elektrolokomotive 111 049 mit drei 1. Klasse IC-Wagen ein. Sowohl im Inneren als auch äußerlich paßte man die Garnitur dem Lufthansa-Design an. Schon zum Sommerfahrplan 1991 wurde diese Leistung von einer 103 übernommen. Für kurze Zeit wurde die gelb/weiße 111 049 noch im Plandienst vor Regelzügen eingesetzt. Am 1. September 1991 verläßt die „Lufthansa-Lok“ den Bahnhof Remagen und passiert mit D 2402 (Luxemburg-Münster) am nördlichen Bahnhofskopf eine Reihe vorzüglich erhaltener Bürgerhäuser.

Foto oben: In Linz zweigt die heute nur noch im Güterverkehr betriebene Strecke nach Kalenborn ab. Am 4. Mai 1989 führte eine der vielen Vatertags-Touren nach Kalenborn. Auf der Rückfahrt erreicht die Diesel-Lokomotive 213 333 mit der Schienenbus-Garnitur 996 779, 798 807, 798 562 und 998 792 soeben wieder den Rhein und wird in Kürze die im Hintergrund erkennbare Stadt Linz erreichen.

Remagen ist Ausgangspunkt der Ahrtalbahn. Von hier aus fahren die mit Diesellokomotiven der Baureihe 212 und 213 bespannten Personenzüge durch das romantische Rotweintal bis Kreuzberg. Insbesondere während der Weinproben und Winzerfeste findet der Ahrburgunder regen Zuspruch. Am 1. Mai 1990 ist 213 332 – noch in altroter Farbgebung – mit dem Zug 7177 in Remagen angekommen. Im Hintergrund zieht der „Lufthansa" seine Kreise (Foto rechts).

Starker Sonderzugverkehr herrschte am 4. Mai 1989 (Christi Himmelfahrt). Eine große Besonderheit war jedoch die zum Museumsbestand der Deutschen Bundesbahn gehörende Elektrolokomotive E 04 20, die mit ihrer historischen Wagengarnitur den Bahnhof Linz durchfuhr. Im Hintergrund wartet bereits 213 333, um den aus einer Schienenbus-Garnitur bestehenden Vatertags-Sonderzug nach Kalenborn hinaufzuschieben.

Oberhalb des Bahnhofs, in Burg Ockenfels (Ruine der Burg zur Leyen, 14. Jahrhundert), in der ein Hotel untergebracht ist, bereitet man sich schon auf die zahlreichen bei dem schönen Wetter zu erwartenden Ausflügler vor.

Schon die Rheinansicht läßt erkennen, daß es in Linz am Rhein noch eine alte, umfangreiche, gut erhaltene Bausubstanz gibt, obwohl sich die vielen reich verzierten Fachwerkhäuser diesem Blick entziehen, da sie vornehmlich im Ortskern stehen. Im Bild-Mittelpunkt steht vielmehr die kurfürstliche Burg Linz (14. Jahrhundert), der ehemalige Sommersitz der Kölner Erzbischöfe. Heute ist hier neben weiteren Attraktionen ein Museum mit historischen Geschicklichkeits- und Illusionsautomaten, Kirmesorgeln sowie selbstspielenden Geigen, Geisterflügel und anderen Musikautomaten untergebracht. Vorbei an diesem altertümlichen Medienzentrum fährt der TUI-Ferien-Express am 18. Mai 1990 in den Süden.

An dem zwischen Hang und Rhein aus nur einer Häuserzeile bestehenden Ortsausgang von Linz begegnen sich mit dem von einer Güterzug-Lokomotive der Baureihe 150 gezogenen Kesselwagenzug sowie dem Tankmotorschiff zwei flüssiges Massengut transportierende Verkehrssysteme.

Ein recht ländlich wirkendes Empfangsgebäude mit Fachwerkanbau begrüßt die Kurgäste in Bad Breisig. Der große Kurpark, die Thermalquellen sowie die schöne Rheinlage mögen dazu beitragen, Rheuma-, Herz- und Kreislaufkranken Linderung zu verschaffen. Lediglich 110 483 stört mit ihrem FD 1916 „Tegernsee“ die nachmittägliche Ruhe.

„Trink Brohler und Du fühlst Dich wohler". Dieser eingängige Mineralwasser-Werbeslogan machte den kleinen linksrheinisch gelegenen Ort Brohl bekannt. Rechts von der Hauptstrecke, auf der uns mit dem FD 1917 wiederum der „Tegernsee", geführt von 103 214, begegnet – diesmal jedoch auf seiner Fahrt nach Süden – ist ein kleiner Teil der noch recht umfangreichen Bahnanlagen der schmalspurigen Brohltalbahn zu erkennen, die von hier aus durch das enge Brohltal nach Engeln fährt.

Von Engeln (ursprünglich von Kempenich) führt die meterspurige Strecke der Brohltalbahn durch die Vulkaneifel bis an den Rhein. Dabei überqueren die Güterzüge die linke Rheinstrecke (KBS 470), um dann nach einer Sägefahrt den Brohler Rheinhafen zu erreichen.

Neben den Fahrten des „Vulkan Express“ – Kursbuchstrecke 12426 – sind die Transporte von Phonolith (Basisstoff zur Glasherstellung) heute die Haupteinnahmequelle dieser Bahngesellschaft. Am 22. August 1991 wird im Rheinhafen Brohl gerade ein Ganzzug von den Diesellokomotiven D1 und D2 über das Hochgleis gedrückt und das Phonolith in die darunterliegenden Bunker entladen.

Bei dem hellen Material im Greifer des Hafenkrans handelt es sich nicht um Phonolith, sondern um Streusalz, das vom Binnenschiff in den LKW umgeschlagen wird.

Nach langen Jahren der Abwesenheit beförderten die Zweifrequenz-Lokomotiven der Baureihe 181 im Sommer 1991 wieder ein Reisezugpaar längs des Rheins. Auf der Fahrt von Köln nach Port Bou (französischer Mittelmeerhafen an der spanischen Grenze) durchfährt die blaue 181 209 mit dem aus französischen Liegewagen gebildeten D 1273 das rechtsrheinische Rheinbrohl. Am 1. September 1991 herrschten noch hochsommerliche Temperaturen, was nicht zuletzt durch die im Rhein badenden Kinder dokumentiert wird. In diesem Jahr hatte das Wasser des Stroms wieder eine Qualität erreicht, die es rund 50 Fischsorten ermöglichte, hier wieder heimisch zu werden. So werden wohl auch die Badenden keinen Schaden genommen haben.

Auf der rechten Rheinseite bei Leutesdorf wird’s eng. Die Kursbuchstrecke 465 (rechte Rheinstrecke), auf der 140 847 mit ihrem Güterzug Richtung Norden fährt, sowie die Bundesstraße 42 werden hier fast in den Rhein gedrängt.

Bei Namedy verlaufen Straße und linke Rheinstrecke, nur durch eine Leitplanke getrennt, unmittelbar nebeneinander. Die räumliche Enge führte im Rahmen der 1959 abgeschlossenen Elektrifizierungsarbeiten zu einem Kuriosum; dem „Geknickten". Hierbei handelt es sich um einen Fahrleitungsmast, der im Innenbereich einer sehr engen Kurve steht. Um ihn nicht mitten auf dem ursprünglichen Gehweg errichten zu müssen, wurde der aus einem Doppel-T-Träger gefertigte Stahlmast im Bereich des Lichtraumprofils weggeknickt und dann im oberen Teil wieder senkrecht nach oben ausgerichtet. Dadurch konnte diese Sonderkonstruktion so weit ans Gleis gerückt werden, daß für den Straßenverkehr keine Behinderung gegeben war. Diese „rheinische Spezialität" blieb bis heute erhalten. Selbst lange, in der Kurve weit überhängende Reisezugwagen, wie die des D 2014, der am 21. August 1991 durch Namedy fährt, können risikolos diese Engstelle passieren.

Selten ist die Fernsicht im Rheintal so gut wie am 29. Juli 1991, als die Drehstrom-Lokomotive der Baureihe 120 mit EC 14 „Wörthersee" durch Andernach fährt. Beherrscht wird die Szene vom viertürmigen romanischen Mariendom (1198) sowie der alten Bausubstanz einschließlich der Türme der ehemaligen Stadtmauer.

Im Hindergrund – wenn man dem großen Bogen der Strecke folgt – ist der Bahnhof von Andernach und dahinter wiederum der Kühlturm des Atomkraftwerks Mülheim-Kärlich erkennbar. Dazwischen liegt der Ort Weißenthurm. Von dort aus führt das letzte Teilstück der linksrheinischen Strecke bis Koblenz, mit dessen Fertigstellung die Gesamtstrecke Köln – Koblenz 1858 dem Eisenbahnverkehr übergeben werden konnte.

In Mülheim-Kärlich wird die Rheinromantik durch einen mächtigen Kühlturm jäh unterbrochen. Jedoch werden die Reisenden des IC 712 „Diplomat“, hier auf seiner Fahrt von Stuttgart nach Hamburg von 103 144 in neuroter Farbgebung gezogen, wohl kaum wissen, daß dieses Kernkraftwerk nicht in Betrieb ist.

Ein Teil der 601-Garnitur hat auf seiner Fahrt nach Norden bereits die Mosel überquert und Koblenz-Lützel erreicht. Gegenüber der mächtigen Festung Ehrenbreitstein mündet die Mosel in den Rhein. Auf der Landspitze zwischen den beiden Flüssen, dem Deutschen Eck mit dem Mahnmal der Deutschen Einheit, stand bis 1945 das Reiterdenkmal von Kaiser Wilhelm I. In den Jahren 1991/92 wurde dieses Bronze-Denkmal von einem Düsseldorfer Künstler neu erstellt. Wenn die Frage der Kostenübernahme für die Aufstellung und Sockel-Restaurierung geklärt ist, wird der Kaiser wohl in nächster Zeit wieder seinen alten Platz einnehmen (Foto rechts).

Foto oben: Kurz nachdem IC 516 „Hölderlin" den Hauptbahnhof Koblenz verlassen hat, überquert er vor der Kulisse der Festung Ehrenbreitstein die Mosel. Zahlreiche Türme und Kirchen prägen das rechte Moselufer. Eine Hälfte der im 14. Jahrhundert erbauten, ursprünglich mit 13 Bögen die Mosel überspannenden Balduin-Brücke ist noch in der ursprünglichen Form vorhanden (Bildmitte). An weiteren charakteristischen Gebäuden ist zunächst einmal die alte Burg (13. Jahrhundert) mit ihren beiden weißen Rundtürmen zu erkennen. Dahinter ragen die Türme der evangelischen Florinskirche (12. bis 14. Jahrhundert) heraus. Weiter hinten sind die beiden Türme der katholischen Stiftskirche St. Kastor (erstmals 836 erwähnt) zu erkennen. Über dem ganzen liegt die Festung Ehrenbreitstein, die im 12. Jahrhundert aus einer Burg entstand, die in der Zeit von 1816 bis 1827 vergrößert und verstärkt wurde und damit ihre heutigen imposanten Grundmaße erhielt.

Im Mai 1989 konnte man noch von Montabaur nach Koblenz mit der Bahn fahren. Hierzu machte die Schienenbus-Garnitur in Neuwied Kopf und fuhr anschließend, so wie auf diesem Bild Zug Nr. 6810, über die Kronprinzenbrücke bei Urmitz. Die 1918 eröffnete Rheinbrücke ermöglicht es u.a. den Güterzügen aus dem Ruhrgebiet, die Moselbahn direkt, also ohne den Umweg über Koblenz Hauptbahnhof zu erreichen.

Der bereits erwähnte Liegewagenzug D 1273 durchfährt auf seiner Fahrt von Köln nach Port Bou den Bahnhof Koblenz-Ehrenbreitstein. Nach wenigen Kilometern wird die blaue 181 209 mit ihrem Zug über die Horchheimer Brücke südlich von Koblenz die Rheinseite wechseln, um dann über Koblenz-Hauptbahnhof die Mosel hinauf zu fahren.

Unterhalb der Festung Ehrenbreitstein liegt das Dikasterialgebäude, welches in den Jahren 1739/49 unter Kurfürst Franz Georg von Schönborn als Regierungsgebäude des Erzstiftes Trier errichtet wurde. Heute ist hier das Staatsbauamt Koblenz-Nord untergebracht.

Auf seiner Pressefahrt, die einen Tag nach der Rekordfahrt vom 26. November 1985 stattfand, kam der ICE (Inter-City-Experimental) auch nach Koblenz. Wie an der ganzen Strecke, so stößt auch hier dieses im oft sehr konservativ wirkenden Bahnumfeld recht futuristisch ausschauende Fahrzeug auf reges Publikumsinteresse.

Links der Lahn liegt der Stadtteil Oberlahnstein mit seinem Hafen und den damit verbundenen Industrieanlagen. Das Frischbetonwerk, der Hafenkran sowie der durchfahrende Güterzug lassen auch den Erholungssuchenden erahnen, daß man am Rhein schon lange nicht mehr nur von Wein und Tourismus leben kann.

Die rechtsrheinische Strecke überwindet die Lahnmündung mit einer schwungvollen, nach dem Kriege errichteten Stahlkonstruktion, über die gerade eine neurote 140 mit ihrem Containerzug von Niederlahnstein nach Oberlahnstein fährt. In der Geschichte der rechten Rheinstrecke kommt Oberlahnstein eine besondere Bedeutung zu. Bereits 1858 führte von hier aus das erste Teilstück der Lahntalbahn nach Bad Ems. Sechs Jahre später ermöglichte die Eröffnung der Strecke zwischen Oberlahnstein und Rüdesheim den durchgehenden rechtsrheinischen Verkehr bis Wiesbaden. Die knapp 2 km lange Verbindung zwischen Oberlahnstein und Niederlahnstein folgte 1863. Niederlahnstein-Neuwied wurde 1869 und Neuwied-Oberkassel bei Bonn 1870 eröffnet. Mit Schließung der letzten Lücke zwischen Troisdorf und Oberkassel im Jahre 1871 war nun die gesamte rechte Rheinstrecke von Köln über Oberlahnstein bis Wiesbaden befahrbar.

Gegenüber der Lahn-Mündung entstand im 13. Jahrhundert eine Zollburg, die 1689 von den Franzosen zerstört wurde. In den folgenden rund 150 Jahren wucherte die Ruine fast zu. Von 1836 bis 1842 ließ der spätere preußische König Friedrich Wilhelm IV., unter maßgeblicher Beteiligung des Baumeisters Schinkel, Schloß Stolzenfels aufbauen. Zwar wurden hierbei alte Gebäudereste miteinbezogen, jedoch dürfte dieses ein wenig englisch wirkende Schloß nichts mit der ehemaligen Zollburg gemeinsam haben. Der mittelalterliche gelbe Farbton der Gebäude wirkt ebenso freundlich wie das Gelb des Lufthansa Airport Express, der am 30. Mai 1991 am Ufer des Rheins stromabwärts nach Düsseldorf fährt.

Eisenbahnlandschaft Rhein von Köln – Mainz
Rhens – Lorchhausen

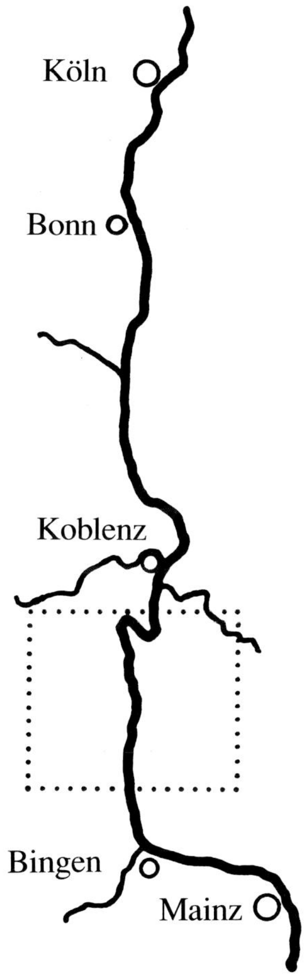

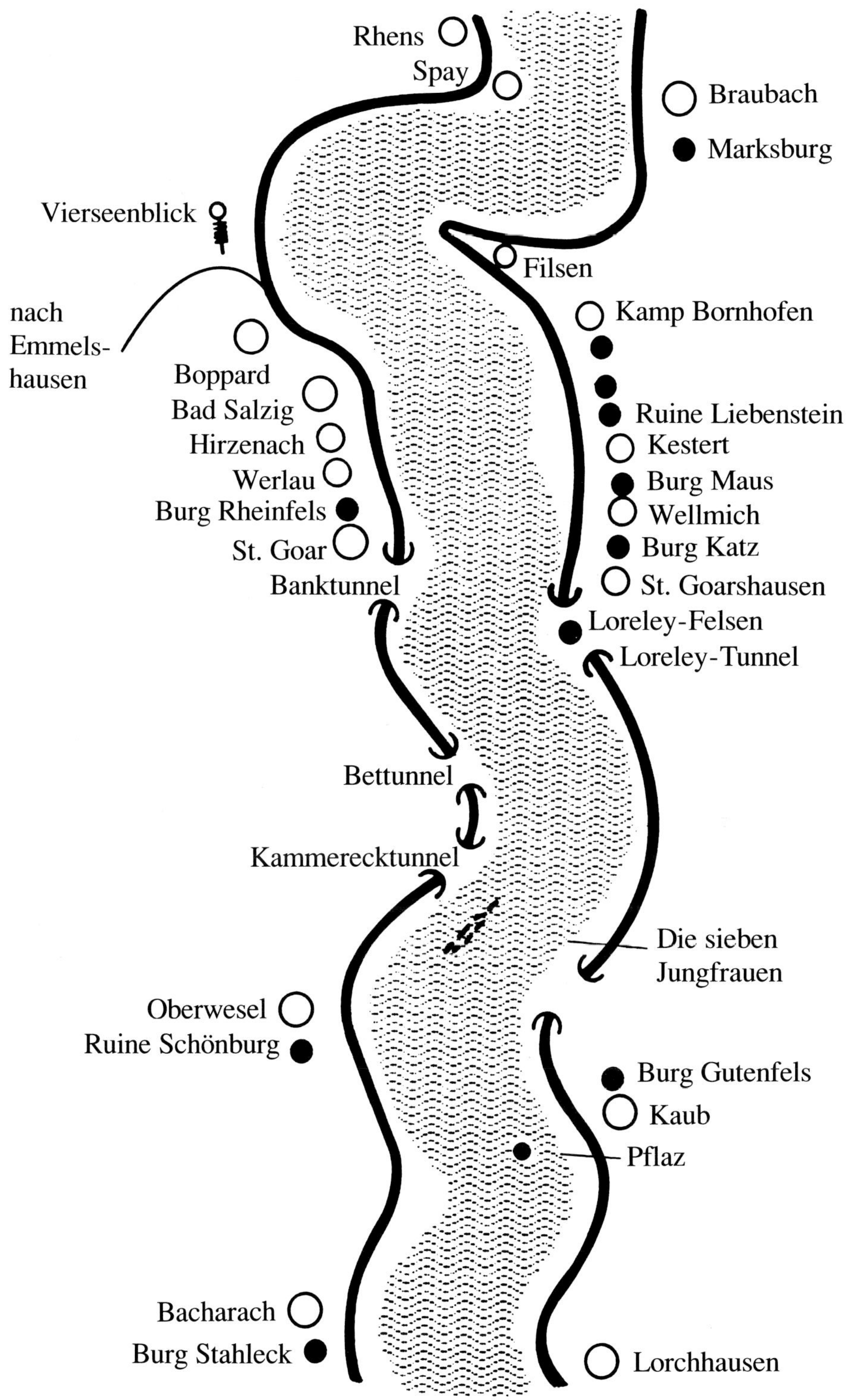

Das rechtsrheinische Braubach gehört zu den letzten Bereichen am Mittelrhein, in welchen noch Formsignale für die Sicherung des Zugverkehrs sorgen. Am frühen Morgen des 24. Oktober 1990 zieht hier 140 862 ihren Güterzug Richtung Süden. Wegen der unmittelbar hinter der Lok laufenden Kesselwagen ist der erste Stromabnehmer am Fahrdraht.

Die ausgezeichnete Fernsicht erlaubt am 23. Oktober 1990 einen weiten Blick über das Rheintal, das an diesem Tage von zwei fabrikneuen ICE-Köpfen durchfahren wird. Unterhalb der hoch aufragenden Marksburg liegt das rechtsrheinische Braubach, linksreinisch ist Rhens und dahinter im Hang Schloß Stolzenfels (Koblenz) zu erkennen (rechte Seite).

Die vielen am 23. Oktober 1990 schon eingefärbten Bäume unterhalb der Marksburg bilden einen reizvollen Kontrast zu dem von der 140 359 gezogenen, ebenfalls recht bunten Autozug. Die im 13. Jahrhundert gebaute Marksburg thront auf einem Felskegel rund 150 m über dem Rhein. Im Gegensatz zu den übrigen Burganlagen am Rhein wurde sie nie zerstört. Mit ihrem Burgmuseum erlaubt sie auch dem Laien einen umfassenden Einblick in das mittelalterliche Burgleben. Die Anlage gehört seit 1899 der deutschen Burgenvereinigung e.V. (Foto oben).

Am 14. Oktober 1990 war dieser Bahnübergang in Koblenz-Stolzenfels (Foto links) bereits einige Zeit automatisiert. Früher saßen die Schrankenposten in einem der für die Rheinschiene typischen runden, mit Schieferdach versehenen Natursteinhäuser. Über der 103, die IC 521 „Herrenhausen" nach Süden führt, ist Burg Lahneck – links der Lahn – zu erkennen. Der nahe am Rhein stehende Natursteinturm gehört zum Martinsschloß, einer ehemaligen Zollburg.

Der aus Ober-und Niederspay gebildete Ort Spay liegt in einer großen Rheinschleife. Weitreichende Obstplantagen und Weinanbauflächen bestimmen hier das Landschaftsbild. Parallel zum Rhein folgt die linke Rheinstrecke diesem Bogen, der am 21. August 1991 vor der katholischen Pfarrkirche vom Lufthansa Airport Express durchfahren wird. Im Hintergrund ist jenseits des Rheins die Marksburg zu erkennen.

Über dem Ort Kamp-Bornhofen thronen die beiden Burgen Sterrenberg (links) und Liebenstein. Die über 900 Jahre alte Burg Sterrenberg sowie die jüngere Burg Liebenstein wurden der Sage nach von zwei verfeindeten Brüdern bewohnt. Durch eine mächtige, auf dem Bild gut erkennbare Streitmauer voneinander getrennt, sind die beiden Burgen auch als „Die Feindlichen Brüder“ bekannt.

Unterhalb auf der rechten Rheinstrecke kommt es am 29. August 1991 zur Kooperation „feindlicher“ Verkehrssysteme. Sattelauflieger, Wechselpritschen und Container werden umweltverträglich über weite Distanzen mit der Bahn befördert, um dann am Bestimmungsort mit dem Lkw zugestellt zu werden.

Mit dem Sessellift kann man vom Mühltal (Boppard) zum Vierseenblick (303 m über dem Meer) gelangen. Bereits auf halber Höhe ist die Aussicht auf Boppard ausgezeichnet, wobei man dann noch die Bahnlinie im Auge hat, auf welcher der ausnahmsweise sechsteilige Lufthansa Airport Express an diesem Frühlingstag von Frankfurt nach Düsseldorf fährt. Am rechten Bildrand ist der Beginn der ursprünglich nach Simmern und heute nur noch bis Emmelshausen verlaufenden Hunsrück-Bahn zu erkennen.

Bei der mächtigen in der Nähe der Uferpromenade stehenden doppeltürmigen Kirche handelt es sich um die spätromanische St. Severins-Kirche.

Soeben hat 213 339 den Bahnhof Boppard verlassen und drückt ihren Personenzug auf der Kursbuchstrecke 479 unterhalb des Vierseenblicks bergaufwärts Richtung Emmelshausen. Mit fast 7 % Steigung weist diese Strecke den steilsten Abschnitt im DB-Schienennetz auf. Demzufolge sind hier auch mit den Diesellokomotiven der Baureihe 213 Maschinen eingesetzt, die durch ihre zusätzliche hydrodynamische Bremse besonders für Steilstrecken geeignet sind.

Mit Beginn des Sommerfahrplans 1987 verschwand der legendäre „Rheingold“ von den Schienen der deutschen Bundesbahn. 1928 bei der Einführung dieses Zuges fuhr man in eigens dafür gebauten Pullman-Wagen. Nach dem Krieg benutzte man zunächst blau lackierte Schürzenwagen, u. a. auch mit dritter Klasse. 1962 wurde der „Rheingold“ durch neu konstruiertes, exclusives Wagenmaterial, u. a. mit Aussichtswagen, wieder zum unbestrittenen Starzug der DB.

Am 25. April 1987 ist von dieser Herrlichkeit nicht mehr viel übrig geblieben. Lediglich der Clubwagen (3. Wagen auf dem Bild) sowie der orange-farbene, unterhalb der Fenster angebrachte Farbstreifen lassen den durch Boppard fahrenden 1. Klasse-Zug als „Rheingold“ erkennen.

Die linke Rheinstrecke ist durch die vielen Fernzüge weitgehendst ausgelastet. Da bleibt nur wenig Platz für den Nahverkehr. Nur werktags (außer Samstag) verkehrt der Nahverkehrszug 6019 von Koblenz nach Bingerbrück, der geführt von der noch grünen 141 067 am 29. August 1991 durch Boppard fährt.

Akuter Wagenmangel zwang die DB im Herbst 1990, sowohl zwei Garnituren mit Wagenmaterial der italienischen Staatsbahn als auch zwei Garnituren mit Wagenmaterial der deutschen Reichsbahn für Verstärkungszüge anzumieten. Hinter der am 12. Oktober 1990 den Bahnhof Boppard durchfahrenden 110 282 sind zwei der im Bereich der DB sehr selten anzufindenden Wagen des Städte-Express-Verkehrs der Deutschen Reichsbahn eingestellt. Der Vier-Wagen-Zug mit der Nr. 10 516 fuhr an diesem Tage von Stuttgart nach Münster.

Das Empfangsgebäude des Bahnhofs ist einige Wochen vorher abgerissen worden. An dessen Stelle ist jetzt der Ausleger einer Ramme erkennbar. Längs der Bahn wird eine den Ortskern entlastende Straße für den Durchgangsverkehr gebaut.

Das Ziel von mehr als 200 000 Pilgern, die zum Teil auch mit Schiffsprozessionen nach Kamp-Bornhofen kommen, ist die Klosterkirche des Marien-Wallfahrtsklosters (Bildmitte), die im 13. Jahrhundert erstmals urkundlich erwähnt wurde.

Die Pendler im E 3484, der am 28. April 1988 von einer Schnellzug-Lokomotive der Baureihe 103 geführt wird, dürften nach einem anstrengenden Arbeitstag wohl kaum Notiz von den landschaftlichen Reizen des Rheintals nehmen.

Fast alle der für das im Rheintal typischen, noch vorhandenen runden Natursteinposten mit Schieferdach werden nicht mehr genutzt. Als im April 1988 einer der seltenen Güterzüge auf der linken Rheinstrecke den Bahnübergang in Bad Salzig passiert, ist das Gebäude jedoch noch von einem Schrankenwärter besetzt.

In wenigen Augenblicken wird 141 066 mit Zug 7511 (Koblenz-Bingerbrück) pünktlich in den Bahnhof von Hirzenach einlaufen. Diese langgestreckte Weinbau-Gemeinde wird durch die Bundesstraße 9 sowie die Bahn vom Rhein getrennt. Der Turm am linken Bildrand gehört zur romanischen Probstei-Kirche (1250).

79

Bis hinter Kestert zieht sich frühlingshafte Blütenpracht. Auch der Lokführer der 140 192, der mit seinem Güterzug vor wenigen Augenblicken Kestert durchfahren hat, genießt bei offenem Seitenfenster die herrliche Frühlingsluft.

Linke Seite: Sehr schön ist die exakt dem Flußlauf folgende linke Rheinstrecke erkennbar, deren enge Kurven nur geringe Geschwindigkeiten zulassen. Mit cirka 100 km/h legt sich die rund 11000 PS starke 103 (Höchstgeschwindigkeit 200 km/h) bei Hirzenach in die Kurve. Für die touristisch interessierten Reisenden des IC 621 „Kieler Förde" ist die beschauliche Fahrt durchs sommerliche Rheintal sicher ein Erlebnis. Auf der anderen Rheinseite liegt die Ortschaft Kestert.

Von den Höhen Hirzenachs bietet sich dem Wanderer sowohl in südlicher als auch in nördlicher Richtung eine überwältigende Aussicht. Der Blick nach Süden wird durch die „fortschrittliche" unmittelbar hinter dem Bahnhof die Strecke kreuzende Hochstraße ein wenig getrübt. Durch den Bahnhof von Hirzenach fährt am 1. September 1991 der Lufthansa Airport Express auf seinem Weg von Frankfurt/Main nach Düsseldorf. Seit dem Wegfall des TEE-Rheingold ist dieser Triebwagen der unumstrittene „Star" im Rheintal. Aufgrund seiner geringen Fahrgeräusche und seines nicht zuletzt durch den warmen Gelbton recht freundlichen Erscheinungsbildes ist dieser Zug von den Rheinländern schnell als Bestandteil ihres Rheintals vereinnahmt worden.

Burg Maus und die Pfarrkirche von Wellmich sind vom linksrheinischen Rheinufer aus zu erkennen. Im Vordergrund steht hier jedoch das Stellwerk für die 1987 noch mit Formsignalen betriebene Überholstelle Werlau, die gerade von 103 142 mit IC 533 „Gorch Fock“ durchfahren wird. Sowohl der markante Natursteinbau als auch die Formsignale gehören inzwischen der Vergangenheit an.

Erst 1900 begann man mit der Restaurierung und dem Wiederaufbau der Burg Thurnberg aus dem 14. Jahrhundert. Unterhalb der in Privatbesitz befindlichen Anlage, heute als Burg Maus bekannt, durchfährt die schwere Güterzug-Lokomotive 151 023 mit ihrem Ganzzug das vom Herbst geprägte Weindörfchen Wellmich, dessen katholische Pfarrkirche St. Martin – ebenfalls 14. Jahrhundert – hinter den Bäumen hervorschaut.

Die Besitzer der südlich gelegenen größeren Burg Katz, die Grafen von Katzenelnbogen, verpaßten der Burg den Spottnamen „Maus". Heute befindet sich auf dieser Burganlage ein historischer Adler- und Falkenhof. Täglich finden hier im Sommer Flugvorführungen statt, bei welchen auch See- und Steinadler frei über das Rheintal fliegen.

Wenn, wie in diesem Falle, zwei Güterzug-Elektroloks – 140 845 und 140 824 – benötigt werden, um einen Güterzug zu befördern, muß es sich schon um schwergewichtiges Gut handeln. In den vierachsigen Güterwagen mit Schwenkdach wird Tonerde aus dem Westerwald nach Italien gefahren. Von dort kommt dieser Rohstoff dann kunstvoll bearbeitet als Keramik wieder zurück.

Die Rheinländer sowie die an den Rhein gekommenen Urlauber können sich den weiten Weg nach Italien sparen. Wie in den vergangenen drei Jahren, so herrschen auch im Juni 1992 italienische Klimaverhältnisse am Rhein. Demzufolge fällt u. a. auch die Kirschernte, wie an dem rechts ins Bild ragenden Baum, sehr üppig aus. Wer in dieser Jahreszeit durchs Rheintal fährt, sollte es nicht versäumen, die ausgezeichneten, direkt von den Erzeugern am Straßenrand angebotenen Kirschen zu kosten.

120 124 mit EC 14 „Wörthersee" hat am 14. Juli 1990 St. Goar durchfahren (rechte Seite). Dieses heute stark von Touristen besuchte Städtchen hat seinen Namen von einem Einsiedlermönch, der im 6. Jahrhundert in Bedrängnis geratenen Reisenden Hilfe leistete. Auch heute hat der Lotsen- und Wahrschauer-Dienst in St. Goar eine Signalstation, die den Schiffahrtsverkehr durch die schmale Fahrrinne im Bereich des Loreley-Felsens regelt.

Schloßhotel
Burg Rheinfels
Restaurant
Rheinterrasse
Sauna
120 124-3

Direkt bei St. Goar liegt hoch über dem Rhein die ehemalige Festung Rheinfels, Deutschlands größte Burgruine. 1245 gegründet, wurde die Anlage im Laufe der Jahrhunderte weiter ausgebaut und 1797 von den Franzosen zerstört. Heute ist in einem Teil der Gebäude ein Schloßhotel untergebracht. Etwas weniger luxuriös gehts in der unterhalb gelegenen Jugendherberge von St. Goar zu.

Recht komfortabel können die Gäste sowohl des Hotels als auch der Jugendherberge mit dem zweiklassigen IC 129 anreisen, der in Kürze den Bahnhof von St. Goar durchfahren wird. Allerdings hält der Zug hier nicht; Umsteigemöglichkeit besteht in Koblenz. Gezogen wird der „Karwendel“ von der 103 117, einer der wenigen Maschinen dieser Baureihe mit rotem Rahmen.

Als im März 1987 der 601 die Urlauber in den Süden fuhr, war die Welt in St. Goarshausen noch in Ordnung. Der Verkauf der über dem Ort aufragenden Burg Katz aus dem 14. Jahrhundert (1896 bis 1898 wieder aufgebaut) an einen japanischen Geschäftsmann schlug 1989 am Rhein hohe Wellen. Mit hohen Investitionen wurde in den alten Gemäuern ein Hotel eröffnet. Ursprünglich wurde die Burganlage vom Grafengeschlecht von Katzenelnbogen gegründet. Daher stammt auch der eigentliche Namen Neu-Katzenelnbogen. Zum Besitz dieser Familie gehörten auch die Marksburg und Burg Rheinfels. Der Balkon sowie die roten und gelben Gemäuer gehören zu Deubel's Villa, einem großen, am Rande von St. Goarshausen zwischen Bahn und Weinbergen liegenden herrschaftlichen Gebäude. Der untere, aus Bruchsteinen gebaute Bereich ist noch ein Überrest des ehemaligen Zollhauses. Auf der gegenüberliegenden Rheinseite stand ein zweites Gebäude, so daß zwischen den beiden zur Burg Katz gehörenden Zollhäusern eine Kette gespannt werden konnte. Erst nach Zahlung eines Obulus konnten dann die Rheinschiffer ihre Fahrt fortsetzen. Später, noch vor dem Bahnbau, wurden dann die beiden oberen Stockwerke aufgebaut. Ursprünglich als „Schlößchen“ in der Gegend bekannt, bekam das Haus seinerzeit nach Übernahme durch die Familie Deubel recht schnell den Namen des Besitzers. Aus Deubel wurde schnell Teufel. Von Geistern und Spuk war die Rede. Nachdem dann auch noch die künftige Ehefrau des Hausherrn, die im übrigen aus Transsilvanien entstammt sein soll, sich weigerte, dieses unheimliche Gebäude zu betreten, war der Name „Teufel's Villa“ perfekt. Wie der heutige Besitzer jedoch glaubhauft versicherte, sind bisher weder Gespenster noch Teufel im Haus bemerkt worden.

Nicht auf dem Loreley-Felsen, sondern am Ende der Hafenmole von St. Goarshausen sitzt die sagenumwobene Loreley. Dieses Bronze-Denkmal stammt jedoch nicht, wie man vermuten sollte, aus dem vorigen Jahrhundert, sondern es wurde erst 1983 dort errichtet. Im Hintergrund verläßt die neurote 140 097 mit ihrem Güterzug das nördliche Tunnelportal des Loreley-Tunnels.

Unter dem Loreley-Felsen (Schiefer) hindurch führt die rechtsrheinische Strecke. Aus der turmverzierten alten Tunnelausfahrt kommt am 28. Juli 1990 die sechsachsige Güterzug-Lokomotive 150 053 des Bw Hagen, die ihren Zug stromaufwärts zieht (rechte Seite).

Loreley-Tunnel
367 m
DB
150 053-7

Im Rahmen der Elektrifizierungsarbeiten der rechten Rheinstrecke (1960-1962) baute man für das nach Norden führende Gleis einen zweiten, parallel zur alten Trasse verlaufenden Tunnel unter dem Loreley-Felsen hindurch. Dadurch konnte der verbleibende Schienenstrang in die Mitte des alten Loreley-Tunnels gerückt werden, wodurch sich das für die Fahrleitung benötigte größere Lichtraumprofil ergab. Optisch wurde das neue Bauwerk leider nicht dem 100 Jahre vorher gestalteten Tunnelportal angeglichen, aus dem am Morgen des 27. Juni 1992 die 140 116 mit ihrem Güterzug den Loreley-Tunnel verläßt.

91

Ganz in Weiß... Dieser Titel wird wohl kaum anstelle des insbesondere bei amerikanischen und japanischen Touristen beliebten Loreley-Lieds an Bord von MS „Rüdesheim" erklingen, wenn das Schiff gleich am sagenumwobenen Loreley-Felsen vorbeifährt. Auf knapp 115 m verengt sich der Rhein an diesem berühmten 132 m hohen Felsen.

Ganz in Weiß... ..; ob das auch der Traum der Jungfrau Loreley war? Der Sage nach soll sie auf dem 132 m hohen Felsen mit langen güldenen Haaren gesessen und mit lieblichen Gesängen die vorbeifahrenden Schiffer abgelenkt haben, die dadurch in den Stromschnellen umkamen.

Ganz in Weiß... könnte jedoch der Titel dieses Bildes lauten. Die weiß blühenden Kirschen im Vordergrund sowie das Motorschiff der „Weißen Flotte" werden durch die weiße bzw. beige/ozeanblau-farbene 150 070 ergänzt.

Im Bereich der Loreley war aufgrund der schwierigen Geländeverhältnisse auch für die linke Rheinstrecke der Bau von drei Tunnels notwendig. Den mittleren dieser Eisenbahn-Tunnel, den 236 m langen Bettunnel, verläßt am 11. August 1991 die 103 152 mit EC 7 „Lötschberg“.

Bei St. Goar verläßt IC 601 „Diplomat" geführt von 103 196 den Banktunnel. Nach Einführung des Gleiswechselbetriebes wurden an dieser Stelle zwei weitere Formsignale errichtet, was zu einem für Eisenbahnfreunde optisch außergewöhnlich reizvollen Motiv führte. Leider sind sämtliche Formsignale zwischenzeitlich durch Lichtsignale ersetzt worden. Jedoch ist die auf diesem Bild über den Dingen thronende Burg Katz noch vorhanden.

553
Köln-Düsseldorfer

Unmittelbar hinter dem Bettunnel folgt der 289 m lange Kammereck-Tunnel, den die neurote 103 mit EC 7 „Lötschberg" soeben verlassen hat. Die aus dem Wasser herausragenden Felsen deuten an, daß die wichtigste Schiffahrtsstraße Europas auch heute noch ihre Tücken hat. Auch für die Schiffahrt gilt hier Rechtsverkehr. Zu den Felsklippen im Fluß, die hier wie „Mittelstreifen" wirken, gibt es jedoch, wie ihre Bezeichnung „die sieben Jungfrauen" schon andeutet, eine Sage. Einst sollen hier am Rhein sieben Schwestern gewohnt haben, die zwar anmutig und schön, jedoch auch kaltherzig und gefühllos waren. Nachdem sie über viele Jahre hinweg alle Bewerber mit ihren steinernen Herzen abgewiesen hatten, wurden sie vom Flußgott zur Strafe ihrer unmenschlichen Härte in sieben Felsen verwandelt, deren Spitzen, wie auch am 2. Mai 1990, bei niedrigem Wasser aus den Fluten ragen.

Zum Foto auf der Seite links: ebenfalls am Kammereck-Tunnel begegnet ein in Richtung Köln fahrender IC dem Tragflügelboot „Rheinpfeil".

Rechte Seite: Der auf „Flughöhe Null" Oberwesel durcheilende Lufthansa Airport Express läßt die beachtlichen Ausmaße des an der Nordostecke der Ringmauer stehenden Ochsenturms erkennen. Während der Römerzeit bereits als „Vosavia" bekannt, hieß die ehemals freie Reichsstadt ursprünglich Wesel.

Im Foto oben begegnet uns bei Trechtingshausen einmal mehr der „Lufthansa". Im Vordergrund das Motorschiff „Lupus" aus Moers auf Bergfahrt.

130
8

Von den Höhenlagen Oberwesels bietet sich dem Betrachter sowohl in nördlicher als auch in südlicher Richtung ein weitreichender Ausblick ins Rheintal. Von Norden nähert sich im Bild ganz links neben einem Kabinenschiff der Köln-Düsseldorfer auch der IC 525 „Münchner Kindl“, der auf seinem Weg von Hannover nach München gleich das Städtchen Oberwesel erreicht.
Der Blick nach Süden reicht bis Kaub (Bild links). Zu Füßen des Betrachters jedoch liegt Oberwesel. Die Stadt der Türme wird von der Schönburg überragt, die heute sowohl als Schloßhotel als auch als Jugendhaus genutzt wird. Während die ozeanblau/beige 110 482 mit FD 1916 „Tegernsee“ Oberwesel gerade verläßt, wird der Dampfer der Köln-Düsseldorfer in dem malerischen Winzerstädtchen in Kürze anlegen.

Der überwiegende Teil der Befestigungsanlagen der ehemaligen freien Reichsstadt Oberwesel ist bis heute erhalten. Neben der Stadtmauer sind noch 16 der ursprünglich 21 Wehrtürme vorhanden, die dem Weinort auch den Namenszusatz „Stadt der Türme“ einbrachte. Die gut erhaltene Stadtmauer einschließlich der Wehrtürme wird am 22. August 1991 von EC 29 „Prinz Eugen“ passiert.

Im Sommer 1991 wurden für diesen Zug die Wagen der 2. Klasse von der Österreichischen Bundesbahn gestellt. Mit ihrer rot/grauen, schmutzunempfindlichen Farbgebung wirken die Fahrzeuge recht elegant und hinterlassen durch die klare Farbaufteilung einen werbewirksamen positiven Zugeindruck.

Auch von der anderen Rheinseite her bietet Oberwesel ein malerisches Bild. Auf dem Hügel steht die Pfarrkirche St. Martin (auch weiße Kirche genannt) mit ihrem massiven Turm, der stark an die sonstigen Wehrtürme der Stadt erinnert. Hinter dem an diesem Tag sechsteilig fahrenden Lufthansa Airport Express verläuft die alte, sehr weitgehend erhaltene Stadtmauer, auf der am linken Bildrand die Wernerkapelle, ca. 13. Jahrhundert, steht.

Einmal täglich fuhr im Sommer 1990 eine Triebwagen-Garnitur der Baureihe 628/928 von Pirmasens über Bingerbrück nach Koblenz. Auf der Rückfahrt verläßt E 3583 den Bahnhof Oberwesel (Foto oben). Im Hintergrund steht die aufgrund ihrer auffälligen Farbe im Volksmund auch als „rote Kirche" bezeichnete katholische Pfarrkirche „Unserer Lieben Frau" (14. Jahrhundert).

Auch wenn es auf den ersten Blick so aussieht, als lieferten sich die Elektrolokomotiven der Baureihe 140 und 141 – vorbei am roten Turm in Oberwesel – ein Rennen, so läßt ein zweiter Blick erkennen, daß 141 226 Schlußsignal zeigt. Mit fünfminütiger Verspätung schiebt sie ihren Wendezug E 3358 Richtung Koblenz. 140 683 wird dagegen mit Zug 6013 in wenigen Augenblicken pünktlich in den Bahnhof Oberwesel einlaufen (Foto links).

Mit ihrer attraktiven Lackierung in TEE-Farben macht sich die 114 496 auch im Nahverkehr recht gut. Mit dem Nahverkehrszug 6135 (Koblenz-Wiesbaden) wird sie gleich in den Bahnhof von Kaub einlaufen. Türme und Tore beherrschen hier das Ortsbild. Über den Weinhängen erhebt sich die Burg Gutenfels (13. Jahrhundert). Die nach dem Dreißigjährigen Krieg verfallene Anlage wurde seit 1876 wieder aufgebaut und wird heute als Schloßhotel genutzt. Bei Übernachtungspreisen ab DM 200,– (ohne Frühstück) bleibt dieser historische Ort den gutbetuchten Touristen vorbehalten.

Wie erzählt der Fährmann von Kaub so treffend: „Die Amerikaner fliegge nadürlich auf sowas. Der had da obbe groß Hotel dran stehe, das lese de Leut von da drübe (linke Rheinseite) und da fahre se hoch zum Hotel und da is dene zu deuer. Da wolle se wieder rüber (auf die linke Rheinseite), und das is unser Geschäft.“

Auf einem Felsen in der Mitte des Stromes wurde im 14. Jahrhundert die Pfalz Grafenstein errichtet. Wie viele Befestigungen am Rhein, so sollte auch diese Anlage der Kontrolle der Wasserstraße, verbunden mit einer Zollerhebung, dienen. In der Silvesternacht 1813/14 wurde die mittelalterliche kaiserliche Zollstelle Kaub berühmt. Bei der Verfolgung der in der Völkerschlacht bei Leipzig besiegten napoleonischen Truppen überquerte General Blücher hier den Rhein. Dabei diente der preussischen Armee die im Strom liegende Pfalz als Brückenkopf. Vom Ort Kaub fällt der Blick über den Rhein auf den am traditionellen Haus Engelsburg vorbeifahrenden Riviera-Express. Beachtlich ist die Farbenvielfalt dieses Schlaf-und Liegewagenzuges, der um 10.21 Uhr in Köln eintreffen wird.

Nördlich von Oberwesel erstrecken sich an den nach Süden gerichteten Hängen ausgiebige Weinanbauflächen. Die vorwiegend angebaute Weinrebe ist hier am Mittelrhein der Riesling. Diese Sorte besitzt auch die Robustheit, die für den Anbau in einem der nördlichsten Weinanbaugebiete der Erde notwendig ist. In witterungsbedingt guten Jahren mit langer Sonnenscheindauer entsteht hier ein rassig-eleganter Weißwein, der zu den Spitzensorten gezählt werden kann.

Das herbstliche Weinlaub leuchtet in der Spätnachmittagssonne, als sich am 5. November 1988 die 141 231 mit ihrem Nahverkehrszug 7525 Oberwesel nähert.

Der Fernexpress FD 703 „Bodensee“ fährt auf seiner Reise von Münster nach Konstanz, gezogen von 110 180, am 8. März 1987 an der mittelalterlichen, dem Rhein zugewandten Häuserfront des malerischen Städtchens Bacharach vorbei.

Noch lange Jahre, nachdem die Dieseltriebwagen der Baureihe 601 aus dem Plandienst zurückgezogen worden waren, liefen sie noch im Reisebüro-Sonderzugverkehr. Am Morgen des 22. September 1988 durchfährt der Alpen-See-Express auf seiner Fahrt nach Süden den Bahnhof von Bacharach. Der sich im Rheintal lang haltende Morgennebel läßt die Burgruine Stahleck als stimmungsvolle Silhouette erscheinen.

Oft im Blockabstand rollt der Güterverkehr über die rechte Rheinstrecke. Am frühen Morgen des 27. Juni 1992 weckt der durchs Rheintal polternde lange Güterzug die Anwohner und Touristen in Kaub. Auf dem Rhein herrscht schon reges Treiben; diverse Frachtschiffe und ein Ausflugsdampfer sind bereits unterwegs. Die Fähre von Kaub setzt gerade über. „Drüben" fährt ein IC Richtung Koblenz (großes Foto rechts).

Der große, im Bildmittelpunkt stehende Mainzer-Tor-Turm ist ein Teil der ehemaligen südlichen Stadtbefestigung. Vor einigen Jahren wurde das vom Zahn der Zeit stark mitgenommene Gebäude von einem Privatmann für DM 1,– erworben. Dieser wohnte bereits in dem unrestaurierten Turm, als Rosenmontag 1990 durch einen Orkan das Dach auf der südlichen Seite erheblich beschädigt wurde. Die enorm hohen Reparaturkosten überstiegen bei weitem die Vermögensverhältnisse des Besitzers, so daß dieser den Turm zurückgab. Wieder wurde jemand gefunden, der diesmal nicht nur den Turm, sondern auch noch das große, im Vordergrund erkennbare Naturstein- sowie das darunter stehende Fachwerkhaus übernahm. In diesen beiden Gebäuden waren früher das Mahlwerk sowie die Spalthütte der Schiefergrube untergebracht.

Zwischenzeitlich ist das Dach des Mainzer-Tor-Turmes wieder aufgebaut. Der gesamte Dachstuhl wurde in der ursprünglichen Form wieder hergestellt und das Dach mit Naturschiefer gedeckt.

Zum Foto oben: Durch die Türme von Bacharach fährt EC 2 „Rembrandt" mit 103 192 auf seinem Weg von Chur nach Amsterdam am Nachmittag des 8. März 1987. Der linke Turmtorso wird heute von einem Hobby-Gärtner als Gartenhaus für seinen zwischen Straße und Bahn gelegenen Kleingarten genutzt.

Zu den kilometer-intensivsten Leistungen der Düsseldorfer Elektrolokomotiven der Baureihe 111 gehörte der D 2027 von Dortmund nach Frankfurt/Main. Die am 23. Juli 1990 gerade Bacharach hinter sich lassende 111 123 erlaubt einen letzten Blick auf dieses bei den Touristen so beliebte Weinstädtchen mit seinen markanten Gebäuden. Unterhalb, rechts von Burg Stahleck, stehen die Reste der verfallenen gotischen Wernerkapelle. Dahinter ist ein Turm der bis in die Weinberge reichenden ehemaligen Stadtbefestigung erkennbar; rechts davon erhebt sich die Peterskirche (13. Jahrhundert). Dieses von den Kölner Erzbischöfen im romanisch/gotischen Übergangsstil erbaute Gotteshaus ist seit 1558 evangelische Pfarrkirche.

Eisenbahnlandschaft Rhein von Köln – Mainz
Lorch – Mainz

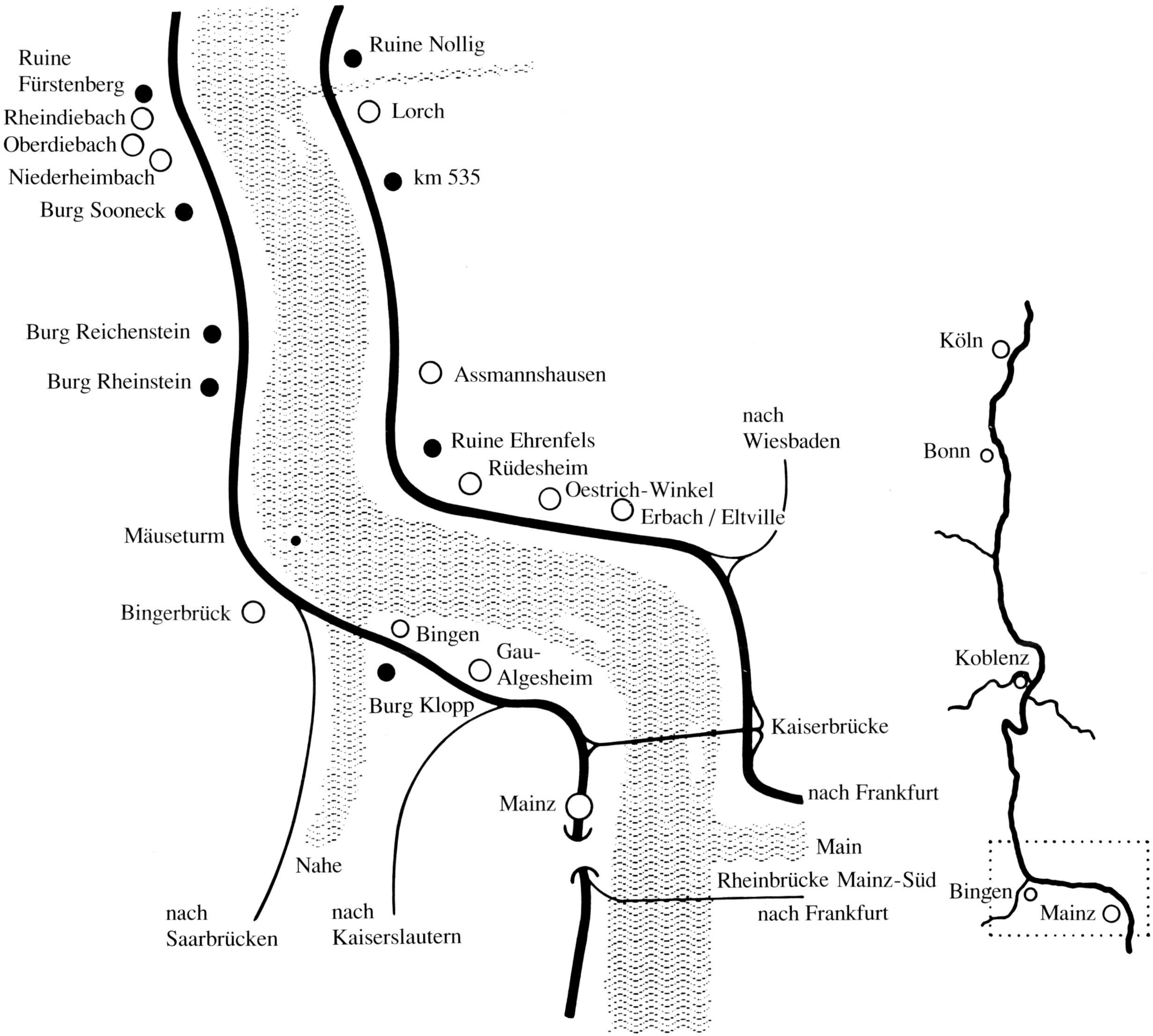

Auf einem Felsen im Rhein steht der zur Burg Ehrenfels gehörende Zollturm (14. Jahrhundert), der im Volksmund als Mäuseturm bezeichnet wird. Einer rheinischen Sage nach ist dort der Mainzer Erzbischof mitsamt seinen gehorteten Lebensmittelvorräten von Mäusen gefressen worden. In Wirklichkeit dürfte der Name sich von Maut (Zoll) ableiten. Lange Zeit wurde von hier aus der Schiffahrtsverkehr durch das gefürchtete Binger Loch geregelt. Sowohl die beiden Binnenschiffe als auch der recht „bunte" von 140 076 gezogene Güterzug durchfahren am 28. Juli 1990 diese Engstelle.

Von den Höhenlagen Oberdiebachs hat man einen ausgezeichneten Blick über den sich in ein Seitental des Rheins drängenden Ort. Sowohl auf dem Rhein als auch bei der Bahn hat zu dieser Jahreszeit die Personenbeförderung Hochkonjunktur. Zum Leidwesen der Reisenden sind an diesem heißen Sommertag in den IC diverse nicht klimatisierte Reisezugwagen eingestellt. Auf der anderen Rheinseite liegt Lorchhausen mit der markanten St. Bonifatius-Kirche.

Über die rechte Rheinstrecke werden nur wenige FD- oder D-Züge geführt. Der vielleicht markanteste war im Sommer 1990 der D 295 mit seiner bunten Garnitur aus jugoslawischem Wagenmaterial. Hier zieht 110 429 den Zug durch das südlich von Lorchhausen gelegene Lorch. Bereits 1274 urkundlich erwähnt, liegt das Städtchen an der Einmündung des Wispertales. Als man das Binger Loch noch nicht durchfahren konnte, war der Ort Umschlagstelle für den Warenverkehr über Land und somit Endpunkt des die Stromschnellen umgehenden Landwegs. Die dominierende katholische Pfarrkirche St. Martin (13. Jahrhundert) sowie die aus dem Weinberg emporragende Burg Nollig (12. Jahrhundert) bestimmen das Ortsbild.

115

Nur wenig weiter, bei Rheinkilometer 535, rücken Rhein, Bundesstaße 42 und Bahn eng zusammen. Auffällig sind die in diesem Bereich sich nach Süden erstreckenden, terrassenförmigen Weinanbauflächen, die aufgrund ihrer künstlich verringerten Neigungswinkel einen rentablen Weinanbau unter Einsatz von Maschinen ermöglichen. Auf der „Güterrollbahn" fährt 140 087 mit ihrem Kohle-Ganzzug Richtung Süden.

Der Lufthansa Airport Express „fliegt“ am 11. August 1990 am Gästehaus Fürstenberg vorbei, das seinen Namen von der im Hang gelegenen Burgruine hat (Foto links). Anfang des 13. Jahrhunderts wurde diese Anlage als Festung bzw. Zollstätte zwischen den Bistümern Mainz und Trier errichtet und 1689 von den Franzosen zerstört. Die Burgruine ist heute in Privatbesitz, was ihr offensichtlich schlecht bekommt. Langsam verfällt die restliche Bausubstanz. Eine Besichtigung ist verboten und wegen der losen und lockeren Natursteine und der damit verbundenen Unfallgefahr auch nicht ratsam.

Auf der anderen Rheinseite liegt Lorch an der Mündung der Wisper (Foto oben). Diesseits sind die Reste der ehemaligen Ringmauer von Rheindiebach erkennbar. Hinter dem kurzen Turm und der Traditions-Gaststätte Fürstenberg zieht die 111 den D 2214 (Heidelberg-Emden) längs des Rhein.

Auf seinem Weg von Interlaken nach Amsterdam hat der EC 104 „Berner Oberland“ soeben Niederheimbach durchfahren. Neben den verschiedensten Fahrzeugen im neuen und alten Farbschema der DB weist auch der schweizer Wagenpark eine Neuheit für die Rheinstrecke auf. Seit dem 30. Mai 1992 kommt der Panorama-Wagen mit den Zügen EC 2/3 und 104/105 auch an den Rhein. Die klimatisierten, für 200 km/h zugelassenen Wagen mit ihren 54 Plätzen der ersten Klasse verfügen über gewölbte, weit in das Dach reichende Scheiben. Der auf dem Bild an dritter Stelle hinter der Lok laufende Wagen wurde sofort vom Publikum angenommen und entsprechend stark genutzt.

Ausnahmsweise zieht 114 499 den nach Passau fahrenden FD 1921 „Bayerischer Wald" unterhalb Burg Reichenstein durchs Rheintal. Im 11. Jahrhundert erbaut, ist die Anlage eine der ältesten Rheinfesten. Wie viele Burgen am Rhein wurde auch Reichenstein Ende des 17. Jahrhunderts von den Franzosen zerstört und um 1900 wieder aufgebaut. Heute befindet sich im Inneren ein Museum mit einer umfangreichen Sammlung von Möbeln, Waffen und kunsthandwerklichen Gegenständen.

Die Weinberge kurz vor Aßmannshausen erlauben dem Betrachter einen weiten Blick übers Rheintal. Auf der KBS 466 (rechte Rheinstrecke) hat 151 057 einen stattlichen Güterzug am Haken.

Mitten durch das Zentrum führt die Bahnlinie in Aßmannshausen. An vielen Tagen durchfahren die Güterzüge, wie hier 140 227 mit ihrem Autozug, den Bahnhof Aßmannshausen im Blockabstand. Am rechten Bildrand ist der Turm der katholischen Pfarrkirche Kreuzerhöhung zu sehen.

Nur selten hat man in den Sommermonaten am Rhein eine solch gute Sicht, die einen derart weitreichenden Blick ins Tal erlaubt. Im Hang auf der gegenüberliegenden Rheinseite sind Burg Rheinstein (Bildmitte) und Burg Reichenstein (rechts) erkennbar. Zu Füßen des Betrachters liegt das Städtchen Aßmannshausen, das durch seine ausgezeichneten Spätburgunderweine bekannt ist. Am Höllenberg reift einer der besten deutschen Rotweine. Mit dem historischen Gasthaus „Zur Krone" (hochaufragendes Gebäude vor dem Anlegesteg) besitzt dieser Weinort auch eine der ältesten Herbergen am Rhein.

Auf der durch Aßmannshausen führenden rechtsrheinischen Strecke hat die neurote 140 wohl kaum Schwierigkeiten, ihren recht kleinen Güterzug Richtung Süden zu ziehen. Die beiden Motorschiffe auf dem Rhein dagegen kommen nur unter Zuhilfenahme eines Motorschleppers gegen die starke Strömung an.

Am 29. September 1990 führte die BD Köln eine bemerkenswerte Sonderfahrt durch. Die Dampflokomotiven 41 360 und 01 1100 fuhren von Düsseldorf nach Wiesbaden mit gegenseitigen Überholungen, Parallelfahrten, zum Teil auf beiden Rheinseiten. Auf der rechten Rheinstrecke begegnet der von der Schnellzug-Lokomotive 01 1100 geführte Sonderzug auf Höhe des Binger Lochs (von Felsriffen durchsetzte Stromenge) einem Trabi – „Auto des Jahres" 1990.

123

Inmitten der terrassenförmig angeordneten Weinhänge liegt die Ruine der ehemaligen Zollburg Ehrenfels (1208), die 1689 von den Franzosen zerstört und im Gegensatz zu vielen anderen Burganlagen längs des Rheins nicht mehr aufgebaut wurde. Während für den Schiffsführer des kleinen Ausflugsdampfers der Arbeitstag am Morgen des 30. Juli 1991 gerade beginnt, hat der Lokführer der 140 220, die ihren Güterzug nach Süden zieht, bereits eine arbeitsreiche Nacht hinter sich.

In Bingerbrück steht noch eines der wenigen erhalten gebliebenen Reiterstellwerke der Deutschen Bundesbahn (Foto oben). Sogar die Spuren der schon längst vergangenen Dampfzeit sind hier noch deutlich zu erkennen. Heute fährt auf dieser stark frequentierten Hauptstrecke praktisch alles elektrisch. So auch die Lokomotive 114 501, die mit FD 1922 (von Berchtesgaden) im Sommer 1990 ihrem Ziel Dortmund entgegenfährt.

Zum Foto links: Einer der wenigen Bereiche auf der linken Rheinstrecke, in dem noch Formsignale stehen, ist Bingen/Bingerbrück. Hier führt im Juli 1989 mit 141 003 (Bw Frankfurt 1) eine der ersten Vertreterinnen ihrer Baureihe den Nahverkehrszug 7528 von Bingen nach Koblenz.

Nach Saarbrücken und Kaiserslautern führt die von Bingerbrück ausgehende Kursbuchstrecke 672/680, auf der 212 199 mit ihrem Güterzug aus dem Pfälzer Bergland in den Bahnhof Bingerbrück einfährt.

128 m über dem Meer an der Stelle des ehemaligen römischen Kastells (Vingium) wurde im 13. Jahrhundert die auch heute noch das Stadtbild von Bingen prägende Burg Klopp angelegt. Den Vordergrund dieser romantischen Kulisse bildet die Basilika St. Martin aus dem 15. Jahrhundert.

Im Bahnhof Bingerbrück setzt 218 387 um. Vor wenigen Minuten hat sie den E 3281 aus Kaiserslautern gebracht. Die Silberling-Garnitur wird von der ebenfalls neuroten Rangier-Diesellokomotive 335 147 gleich aus dem Bahnhof geschoben.

In den letzten Jahren hat Bingerbrück für den Eisenbahnverkehr an Bedeutung verloren. Der Güterbahnhof wurde zurückgebaut und das Bahnbetriebswerk aufgelöst. An dessen Stelle entsteht zur Zeit das neue Zentralstellwerk, das die zahlreichen Stellwerke im Bereich Bingerbrück/Bingen und damit auch die Formsignale ersetzen wird.

127

In den Jahren 1858 – 1859 wurde die linksrheinische Strecke von der Rheinischen Eisenbahngesellschaft bis Koblenz und von dort aus weiter nach Bingerbrück gebaut. Gleichzeitig wurde von der hessischen Ludwigs-Eisenbahngesellschaft die Bahnlinie zwischen Mainz und Bingen vollendet. Die Verknüpfung beider Bahnen wurde durch den 1859 zwischen Preußen und Hessen geschlossenen Staatsvertrag geregelt.

Die 103 213 überfährt im November 1988 mit ihrem IC 710 „Ludwig Uhland“ auf der Nahe-Brücke die ehemalige Staatsgrenze. Auch heute wird hier mit der Tafel „00“ der Beginn der Streckenkilometrierung angezeigt.

Eine der heute sehr seltenen mit Formsignalen bestückten Signalbrücken ermöglicht in Bingen den Gleiswechselbetrieb. Im Normal-/Rechtsverkehr hat 103 199 mit IC 520 „Herrenhausen“ nach Braunschweig soeben den Bahnhof Bingen durch- und das Reiterstellwerk Bingen unterfahren.

Der sachlich ausschauende Bahnhof mit der direkt daran angrenzenden, stark befahrenen Bundesstraße 42 dürfte für die mit der Bahn anreisenden Touristen wohl eine arge Enttäuschung sein. Den ersten optischen Eindruck hat man sich von Rüdesheim, dem weltbekannten Ort der Weinseligkeit, wohl etwas romantischer vorgestellt. Für die täglich mit dem Nahverkehrszug 7028 (Wiesbaden – Koblenz) fahrenden Pendler oder sonstigen Anlieger spielt dies jedoch sicherlich keine Rolle.

Viele Jahre gehörte der Alpen-See-Express zum vertrauten Bild am Rhein. Zwischen Fischkutter und Rüdesheimer Rheinfront fährt im Frühjahr 1987 der 601 015/601 016 als Dt 13 111 in den Süden.

Zwischen diesem Rheingau-Städtchen und Lorch führte der Kaufmannsweg, durch den die für die Schiffahrt unpassierbaren Stromschnellen des Binger Lochs umgangen wurden. Die verkehrspolitische Bedeutung wurde durch insgesamt vier Burganlagen unterstrichen, von welchen bis auf die in der Nähe des Bahnhofs stehende Brömserburg (10. Jahrhundert) nicht mehr viel vorhanden ist. Den Süd-Ost-Pfeiler der ursprünglichen Stadtbefestigung bildete der im Vordergrund stehende weiße Adlerturm (2. Hälfte des 15. Jahrhunderts).

Von der parallel hinter dem Bahndamm verlaufenden Rheinstraße zweigt die weltberühmte Drosselgasse mit ihren zahlreichen Weinlokalen ab.

Hinter Rüdesheim wird das Rheintal breiter. Zwischen dem Rheingau-Gebirge und dem Rhein erstreckt sich in sanften Hanglagen ein weitreichendes Wein-Anbaugebiet. Die rechtsrheinische Bahnstrecke liegt in diesem Bereich nicht mehr in unmittelbarer Nähe des Flusses. Der größte Ort des Rheingaus ist Oestrich-Winkel, das am Nachmittag des 27. Juli 1990 von FD 1920 „Bayerischer Wald" durchfahren wird.

Im Rheingau liegt das bereits vor über tausend Jahren urkundlich erwähnte und heute zu Eltville gehörende Erbach. Auf den flachen Südwest-Hängen des Taunus wird hauptsächlich die Riesling-Traube angebaut. Mitten durch die Weinberge dieses hochwertigen Anbaugebietes mit seinen zahlreichen Wein-und Sektkellereien fährt die Bahn. Der lange und schwere Zug aus Güterwagen für nässeempfindliche Güter verlangt schon eine kräftige Maschine, die man dem Ganzzug mit der sechsachsigen, 6300 kW starken 151 123 auf seiner Fahrt längs des Rheins auch vorgespannt hat.

Im Hintergrund liegt Erbach mit dem Schloßhotel Reinhartshausen (Bildmitte) und der katholischen Pfarrkirche St. Markus (15./16. Jahrhundert), deren zerstörter Turm einschließlich des Turmhelms 1903 wieder aufgebaut wurde.

Zwischen Bingen und Mainz erstreckt sich die Rheinhessische Ebene, die heute zu Rheinland-Pfalz gehört. In der waldarmen, sanften Hügellandschaft gedeihen nicht nur vorzügliche Weine. Auch Gemüse, insbesondere Spargel, sowie Obst wird hier angebaut. Bei Gau Algesheim findet man auf beiden Seiten der sich etwas vom Rhein entfernenden linksrheinischen Strecke weitreichende Obstplantagen. Am 5. Mai 1992 prägen deren blühende Bäume die Landschaft, die von 103 230 mit EC 29 „Prinz Eugen" auf dem Weg nach Wien durchfahren wird.

Rund einen Kilometer weiter mündet kurz vor dem Bahnhof von Gau Algesheim die durchs Nahetal verlaufende Bahnlinie KBS 680 in die linke Rheinstrecke. Die von Saarbrücken kommenden Eilzüge sind mit Diesellokomotiven bespannt und legen den letzten Teil der Fahrt bis Mainz oder auch Frankfurt/Main unter Fahrdraht zurück.

Südlich der Horchheimer Brücke bei Koblenz ist eine Rheinüberquerung der Bahn erst wieder über die Kaiserbrücke in Mainz möglich. Neben der Verbindung der Städte Mainz und Wiesbaden ermöglicht diese Rheinbrücke zusammen mit der Hochheimer Mainbrücke die Umfahrung des Mainzer Hauptbahnhofs.

Im Jahre 1904 wurde die Kaiserbrücke dem Verkehr übergeben. Fünf Fachwerkbögen und neun Brückentürme gaben ihr ein imposantes Aussehen. Von dieser Herrlichkeit ist jedoch nach ihrer Zerstörung im Zweiten Weltkrieg und dem Wiederaufbau 1954/1955 nicht viel übrig geblieben. Die Reste der Türme wurden abgetragen und eine Stahl-Fachwerk-Konstruktionen unter Anwendung moderner Schweißtechnik errichtet. Heute wird die Kaiserbrücke u. a. vom zwischen Wiesbaden Hauptbahnhof und Mainz Hauptbahnhof verkehrenden Kurz-IC genutzt. Als IC 977 überquert oben eine Garnitur mit dem typischen Steuerwagen die Kaiserbrücke.

Ab Planwechsel 88/89 wurden zahlreiche Intercity-Züge über Mainz geleitet, so daß nur noch wenige die hessische Landeshauptstadt Wiesbaden anfuhren. Um diese „Abnabelung“ zumindest teilweise zu lindern, werden zwischen Mainz und Wiesbaden Kurz-IC gefahren, die zunächst aus zwei IC-Wagen plus zwei Loks der Baureihe 141 bestanden. Im Februar 1989 kam dann die von Beginn an vorgesehene IC-Wendezug-Garnitur zum Einsatz. Hierzu wurden zwei Steuer-und zwei Reisezugwagen der Hannoveraner Nahverkehrs-Prototypen umgebaut und entsprechend dem neuen IC-Farbkonzept lackiert. Am 23. Juni 1990 ist der „Wiesbaden-City“ abfahrbereit, als neben ihm der EC 24 „Erasmus“ in Mainz einfährt (Foto links).

Fällt ein Steuerwagen des Kurz-IC aus, kommen recht interessante Zugbildungen zustande, wie am 23. Juni 1990, als neben der planmäßigen 141 auch noch 140 527 – bemerkenswerterweise auch in neurot – den Wendezugersatz zu bespannen hat.

Unmittelbar hinter dem Mainzer Hauptbahnhof fährt der D 1411 in das Dunkel des 240 m langen Stadttunnels Mainz-Hauptbahnhof. Ebenso dunkel bzw. ungewiß war lange Zeit die Zukunft der Neubaustrecke längs bzw. parallel des Rheins von Köln nach Frankfurt. Nach dem derzeitigen Stand dürfte die Neubaustrecke etwa entsprechend der Autobahn A3 verlaufen und an Koblenz vorbei nach Frankfurt/Main führen. Höchstwahrscheinlich wird dieser Abschnitt des Schnellbahnsystems bei weitem nicht die langen Tunnelbereiche aufweisen, wie die 1991 in Betrieb genommene Neubaustrecke Hannover – Würzburg. Vielmehr fährt man über die Berge und Hügel. Dies hat zur Folge, daß aufgrund der starken Steigungen diese Strecke nicht von Güterzügen befahren werden kann.

Die Rheinanlieger, insbesondere an der rechten Rheinstrecke, auf der die Güterzüge vorwiegend fahren, wird diese Perspektive wohl kaum erfreuen. Haben sie sich doch durch die Neubaustrecke eine spürbare Verringerung des Zugverkehrs erhofft.

Wer sich einmal an einem schönen Sommerabend auf der Terrasse des „Loreley-Schlößchens“ unterhalb des Loreley-Felsens bei einem Glas Wein niedergelassen hat und dann plötzlich von dem unglaublichen Getöse eines in der leichten Kurve vorbeifahrenden Güterzüges aufgeschreckt wurde, der kann verstehen, daß die Bewohner des Rheintals ein nicht immer ungetrübtes Verhältnis zu ihren Rheinstrecken haben.

Bis ins nächste Jahrtausend werden wohl auf beiden Seiten des Rheins die durchrauschenden oder vorbeipolternden Züge das Landschaftsbild weiter mitprägen; zum Leidwesen der Anwohner und zur Freude der Benutzer und Eisenbahnfreunde.